그림으로 읽는

화학 콘서트

배준우 · 홍건국 글 | 지호태 · 배효진 그림

지식프레임

재미있고 신나는 화학을 꿈꾸며

여러분은 지금까지 화학이라는 학문을 배운 지 얼마나 되었나요? 학창 시절 학교에서 배운 여러 가지 과학 지식들은 어떤가요?

화학이라는 학문을 재미있고 즐겁게 배웠느냐고 물으면 고개를 갸우뚱하는 분들이 많습니다. 사실 화학은 실험을 통해 이해하는 학문으로 어느 과목보다 재미있어야 하는데, 현실은 그렇지가 않습니다.

제가 지금까지 학생들을 가르치며 알게 된 화학은 일단 '어렵다', '외울게 많다' 는 것으로 받아들여지는 경우가 많았습니다. 특히 고등학생의 경우 이과로 진학을 하는 학생들은 그래도 화학이 다른 과목들에 비해 어느 정도 해볼 만하다는 생각을 갖지만, 문과 학생의 경우는 반대의 경우가 많습니다.

이렇게 느끼는 가장 큰 이유는 무엇일까요? 아마도 '화학은 암기과목' 이라는 선입견 때문이 아닌가 싶습니다. 물론 화학을 공부하는 데 암기가 필요한 것은 사실입니다. 하지만 외우는 것 이외에도 화학에는 즐겁고 재미있는 분야가 매우 많습니다.

무엇보다도 화학은 우리 생활과 깊이 연관되어 있습니다. 여러분이 학교 교실에 있다고 가정해 봅시다. 여러분이 앉아 있는 의자와 공부하는 책상이 보입니다. 그렇다면 책상과 의자는 무엇으로 이루어져 있을까요? 책상이나 의자가 나무든 플라스틱이든 모두 탄소로 이루어진 탄소화합물입니다. 또 볼펜 같은 필기구, 공부하는 책들도 탄소화합물이고, 입고 있는 옷, 심지어 인간의 몸도 마찬가지입니다. 이렇듯 우리의 삶 전체에 화학이 관여해 있습니다.

이 책은 우리의 생활 속에 숨어 있는 화학을 어떻게 하면 좀더 쉽고 재미있게 이해하고 공부할 수 있을까 하는 고민에서 출발했습니다. 단순히 암기하고 시험 때만 공부하는 과목이 아닌, 편안하고 즐겁게 읽을 수 있는 화학 지침서를 만들고자 했습니다. 화학을 처음 접하는 분들도 쉽게 접근할 수 있도록 화학이란 무엇이고 화학에서 다루는 분야에는 어떤 것들이 있는지 기초부터 최신 응용까지를 다루고 있습니다.

물질의 근원, 원소, 주기율, 기체·액체·고체, 플라즈마, 확산, 용해, 금속과 비금속, 희토류, 산과 염기, 산화와 환원, 금속의 반응성, 발열과 흡열, 촉매, 탄소화합물, 생화학 등 이 책은 화학의 거의 모든 분야들을 다루고 있습니다. 이미 화학에 대한 지식을 어느 정도 갖춘 독자들께서는 책을 읽는 동안 화학의 처음부터 끝까지를 전부 정리하는 기회를 갖게 될 것입니다.

아울러 고등학생의 경우 교과 과정에 있는 분야들도 함께 다루고 있어 화학Ⅰ과 화학Ⅱ 과목의 기초적인 지식을 함께 공부할 수 있습니다. 또한 최신 화학 분야인 플라즈마나 희토류, 생화학 같은 쉽게 접할 수 없었던 분야까지 총망라하고 있어 화학을 이해하고 관심이 있는 일반 독자들에게도 유용한 도움이 될 것이라 확신합니다.

앞으로 화학은 매우 다양한 분야로 발전할 것입니다. 머지않은 미래에 화학의 세계는 우리가 영화에서 보는 것보다 훨씬 더 대단한 위력을 발휘할지도 모릅니다. 이 책을 통해 그동안 어렵게만 느껴졌던 화학에 대한 선입견을 깨고, 재미있고 신나는 과학으로서의 화학을 새롭게 경험할 수 있기를 바랍니다.

2013년 12월

지은이 배준우·홍건국

차례

화학, 化學, Chemistry…. '화학'이라는 말만 들어도 머리가 지끈지끈한 사람들이 많습니다. 외계어 같은 원자기호에 수학보다 더 복잡하고 어려워 보이는 화학 공식까지.

도대체 화학은 무엇일까요?

이제 화학은 '복잡하고 어렵다'는 편견을 버리고, 이렇게 생각해 봅시다.

세상에는 수많은 것들이 존재합니다. 그런데 그 존재가 없다고 생각해보는 겁니다.

먼저 우리가 살고 있는 집에서 화학과 관련된 것들을 없애볼까요?

시멘트 빼고, 창문 떼고, 장판도 걷어냅니다. 욕실에서는 비누, 치약, 칫솔, 샤워기를 떼어내고, 주방에서는 냉장고, 세탁기, 그릇, 세제를 뺍니다. 안방, 건넌방, 거실에서도 빼야 할 것들이 많지요. 플라스틱이나 합성수지, 화학섬유가 들어간 것들은 모두 들어내야 합니다.

대충 집 안 정리는 여기서 끝내고, 이번엔 우리 몸에서 화학을 빼봅시다.

옷은 천연섬유가 아니라면 모두 벗고, 시계, 신발, 목걸이, 아기 기저귀, 머리핀 등도 모두 없애고요. 아 참, 화장도 다 지워야겠지요?

사실 더 많은 것들을 없애야 하지만, 여기까지만 해도 화학이 없는 세상은 짐작이 갈 거예요.

화학을 상식 수준에서만 본다면 이 정도로도 충분합니다. 하지만 본격적으로 화학의 범위를 정의한다면 화학이 없는 세상은 그 자체가 없는 거나 마찬가지입니다. 사전적으로 화학이란 '물질이 어떻게 이루어졌고, 어떤 성질을 가지며, 어떻게 변화하느냐'를 다루는 것이거든요.

화학의 어원은 연금술과 관계가 있습니다.

'Chemistry'는 그리스어인 'Khemeia(즙을 추출하는 기술)'에서 왔는데요, 이 '즙을 추출하는 기술'이 연금술입니다. 하여튼, 化學이든 Chemistry든 현대적인 의미를 다 품고 있지는 못합니다. 요즘 화학에서 다루는 내용을 한마디로 말하자면 세상 그 자체가 되니까요.

여기서 중요한 사실이 하나 더 있습니다. 화학은 세상에 없는 것을 만들기도 한다는 점!

산업혁명 이후 세상에 새롭게 나타난 물질의 99.9%는 화학과 관련이 있습니다. 나일론, 폴리에폭시, 글리세린, 알리자린…. 이런 물질들은 정약용 선생님이 《목민심서》를 쓸 때까지만 해도 이 세상에 없던 것이었습니다. 모두 화학을 통해서 생겨난 것들이죠.

그런 면에서 보면 화학이 현대의 연금술이라고 해도 틀린 말은 아니지요.

즉, 화학은 현대 과학의 전 분야에서 미래를 여는 열쇠를 쥐고 있는 셈입니다.

인간은 많은 호기심을 안고 사는 동물입니다. 주변의 물질이 무엇으로 이루어졌는지 궁금해하는 것도 그 때문이지요. 신이 세상을 만들었다고 믿던 때에도 이 문제로 고민하던 사람들이 있었습니다.

그리스의 자연 철학자 탈레스(Thales, BC 624~546?)도 이 골치 아픈 호기심을 떠안고 고민했던 사람 중에 하나이지요. 그는 만물의 근원이

'물' 이라고 생각했습니다.

한편, 엠페도클레스(Empedocles, BC490~430?)는 조금 더 복잡하게 생각했어요.

"만물의 근원은 그렇게 간단한 게 아니야! 우선 만물이 생겨나려면 흙, 공기, 물, 불이 필요해. 이것들은 새롭게 생겨나거나 사라지지 않는 존재들인데, 여기에 사랑과 미움의 힘이 더해지면 자기들끼리 결합하거나 분리되면서 물질들이 생겨나는 거야."

엠페도클레스의 주장은 결국 물질의 근원이 흙, 공기, 물, 불이고, 물질의 조성을 좌지우지하는 건 사랑과 미움이라는 건데, 사실과 논리에 죽고사는 과학자들이 보기엔 어딘가 꺼림칙했지요.

그래서 아리스토텔레스(Aristoteles, BC384~322)는 엠페도클레스의 사상을 받아들이고, 좀더 그럴싸한 설명을 덧붙이는데, 이것이 바로 '4원소설' 입니다.

4원소설은 즉, 흙, 물, 공기, 불이라는 네 가지 원소에 따뜻함, 차가움, 건조함, 습함이라는 기본 성질이 조합되어 만들어지는 것이 세상의 물질들이라는 거지요.

한편, "만물의 근원이 무엇인가?"라는 질문에 고대 그리스의 철학자 레우키포스(Leukippos, ?~?)는 또다른 답을 내놓았어요.

"세상의 모든 물질은 작은 입자로 이루어진다오. 이 입자는 공간을 자유롭게 운동하며 더 이상 나누어지지 않지요."

레우키포스의 제자 데모크리토스(Democritos, BC 460~370?)는 이 입자를 아토모스(atomos) 즉, '원자' 라고 불렀지요.

원자는 단단하기 때문에 파괴될 수 없는데, 크기와 형태가 다양한 원자들이 서로 모이고 흩어지면서 자연의 모든 물질들이 만들어진다는 것이 데모크리토스의 생각이었지요. 데모크리토스의 '원자설'은 아리스토텔레스의 '원소설'과 이론적으로 화합할 수 없는 생각이었어요. 그래서 두 가설은 서로 대립할 수밖에 없었지요.

예를 들어, 금으로 만들어진 왕관의 표면을 무한히 확대해 보면, 눈에 보이지는 않지만 금 입자가 있고 주변에 빈 공간이 있다는 것이 데모크리토스의 '원자설'이고, 금은 무한히 쪼갤 수 있으며 빈 공간 없이 금이 연속되어 있다는 것이 아리스토텔레스의 '원소설'이지요.

그리고 결국, 과학 기술이 발달하지 않아 직관과 관찰에 의지해야 했던 사람들은 근대에 이를 때까지 아리스토텔레스의 주장에 힘을 실어주었습니다.

사람에겐 본래 눈으로 보기 전에는 뭐든 잘 믿지 않는 경향이 있는데, 데모크리토스의 원자설도 눈으로 뭔가를 보여주기엔 당시의 과학 기술이 뒤를 받쳐주지 못했던 것이지요.

특히 데모크리토스가 말한 '빈 공간'에 대해서는 개념조차 잡을 수 없었습니다. 빈 공간, 즉 진공 상태는 존재하지 않는다고 생각했거든요.

그런데 17세기에 들어 진공 상태를 증명하는 실험이 진행되었습니다. 1643년 이탈리아의 물리학자 토리첼리(Torricelli, 1608~1647)가 대기압의 작용에 관한 실험을 하면서 자연 상태에서 진공을 만들어낸 거지요.

이 실험을 계기로 데모크리토스의 원자설은 다시 지지를 받기 시작합니다. 돌턴(Dalton, 1766~1844)도 그중의 하나였지요. 돌턴은 J자 모양의 유리관에 수은을 넣고 공기가 압축되는 것을 보여줌으로써 공기 알갱이(입자) 사이에 빈 공간이 있음을 보여줍니다.

자고로 과학자는 실험을 통해 사실을 증명해야 한다고 믿었던 돌턴은 이 실험을 바탕으로 아리스토텔레스의 '원소설'을 부정하고 새로운 '원자설'을 주장합니다.

'원소는 물질 그 자체이고, 더 이상 간단한 성분으로 나눌 수 없는 것'이라고 원소를 정의한 돌턴은 4가지 가정하에 원자설을 발표하지요. 돌턴의 원자설은 다음과 같습니다.

❶ 원소는 원자라고 하는 작은 입자로 구성되어 있으며, 원자는 더 이상 쪼개지지 않는 입자이다.

❷ 동일한 원소의 원자는 크기와 모양, 질량이 같다.

❸ 화학 변화가 일어날 때 원자가 새로 생기거나 사라지지 않는다.

❹ 화합물은 서로 다른 원자가 정수비(정수로 나누었을 때 떨어지는 수)로 결합하여 생성된다.

핵분열 시 원자가 핵과 전자로 쪼개지고, 동위원소처럼 같은 원소라 해도 질량이 다르다는 점에서 돌턴의 첫 번째와 두 번째 주장에는 오류가 있지만, 어쨌든 돌턴의 원자설은 원자의 존재를 처음으로 밝힌 주장이었습니다.

그런데 돌턴의 원자설이 꽤 타당했음에도 불구하고 사람들은 아리스토텔레스의 원소설을 버릴 수가 없었습니다.

그러자 라부아지에(Lavoisier, 1743~1794)가 또 다른 실험으로 원소설에 결정타를 날립니다. 물 분해를 통해 나온 기체가 물과는 다른 성질을 갖고 있음을 증명해 원소설의 오류를 밝힌 것이지요.

이로써 원소설은 탄생한 지 2천 년이 지나 파기되었고, 물질은 더 이상 파괴되지 않는 알갱이, 즉 원자로 이루어졌다는 '원자설'로 입장을 굳히게 되었지요.

그때 프랑스의 과학자 게이뤼삭(Gay-Lussac, 1778~1850)은 온도와 압력이 일정할 때 기체들이 반응을 함에 있어 일정한 부피비가 성립함을

밝혀냈어요.

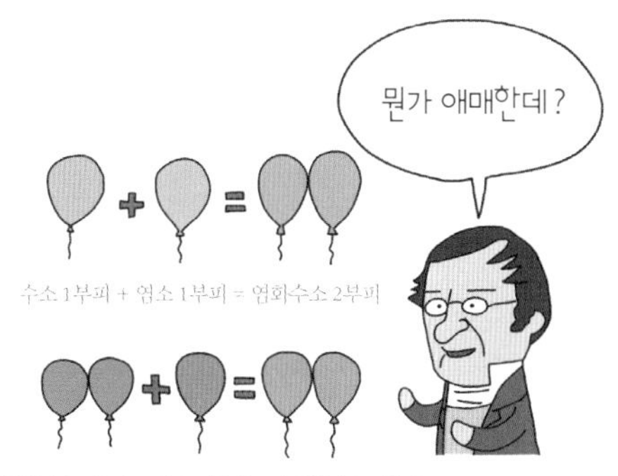

이것이 바로 '기체반응의 법칙' 인데요, 이는 자연계의 놀라운 발견이기도 했지만 한편으로는 무지무지 난감한 일이기도 했어요. 돌턴의 원자설로는 해명하기 어려웠기 때문이지요.

'원소는 한 종류의 원자로 이루어진 물질' 이고, '화합물은 두 가지 이상의 원소가 모여 이루어진 물질' 이라는 게 돌턴의 생각이었어요. 예를 들어 산소 기체는 산소 원자 하나가 갖는 특성을 그대로 나타낸다는 거였어요.

그런데 수소 2부피와 산소 1부피가 결합해 수증기 2부피를 만드는 사실은, 기체반응의 법칙은 수용해도 돌턴의 원자설을 설명할 수 없었어요.

게이뤼삭이 '기체반응의 법칙'을 설명하지 못해 머리 아파하고 있을 때 해결사로 나선 것이 바로 아보가드로였어요.

아보가드로(Avogadro, 1776~1856)는 물질의 성질을 나타내는 최소 단위를 원자가 아닌 원자의 집합체로 보았습니다. 즉, 산소 기체는 산소 원자 1개가 아니라, 산소 원자 2개가 모여야 그 특성을 나타낸다는 것이지요.

아보가드로는 기체의 성질을 나타내는 단위를 '분자'라고 했어요. 그리고 네 가지의 가정을 들어 분자설을 설명했지요.

첫째, 기체는 분자로 이루어져 있고

둘째, 동일한 기체의 크기나 모양, 질량은 같으며

셋째, 분자는 더 작은 입자로 쪼갤 수 있지만 그러면 분자는 고유한 성질을 잃게 되고

넷째, 온도와 압력이 같다면 같은 부피 속에는 종류에 상관없이 분자 수는 같다는 것이었지요.

그런데 여기서도 첫째와 둘째 가정은 오늘날 오류로 판명이 났지요.

원자와 분자의 개념이 확립되면서 물질의 근원에 대한 탐구는 끝이 난 것처럼 보였습니다. 그러나 톰슨(Thomson, 1856~1940)과 러더퍼드(Rutherford, 1871~1937)의 실험으로 미시적 세계의 비밀을 밝히려는 욕망은 새로운 국면에 접어들게 됩니다.

영국의 물리학자 톰슨은 음극선 실험을 하던 중 특이한 성질을 발

견하게 됩니다. 음극선은 진공 상태의 유리관에 전압을 흘렸을 때 나오는 빛과 같은 선인데, 이 실험을 통해 원자에 전자가 존재함을 알아낸 것입니다.

한편, 비슷한 시기에 러더퍼드는 알파(α) 입자를 금박에 통과시키는 실험을 하다가 일부의 입자가 휘거나 튕겨져나오는 것을 발견했습니다. 그 중심에 원자 질량의 대부분을 차지하는 입자가 있는데, 이 입자를 '원자핵'이라고 정의했습니다.

이로써 톰슨의 음극선 실험은 '전자'의 존재를, 톰슨의 제자인 러더퍼드의 알파(α) 입자 산란 실험은 '원자핵'의 존재를 증명하게 되었습니다.

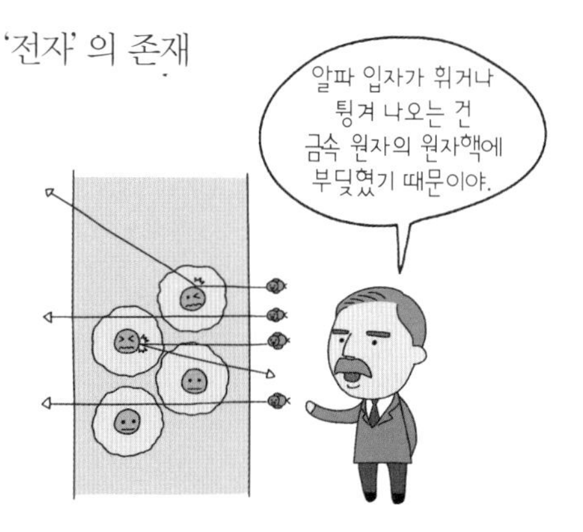

3 물질의 근원을 찾아서 ❷

원자 모형과 미립자의 발견

우리는 절대 원자를 볼 수 없습니다. 신은 사람을 만들 때 자신을 본떴다던데, 그렇다면 신도 원자를 보긴 어려울 것입니다.

왜냐고요?

사람은 빛의 반사를 통해 세상을 보는데, 가시광선의 파장은 400~700nm이고, 원자의 크기는 대개 0.1nm 근처의 값을 가지고 있기 때문입니다. 즉, 원자가 빛의 파장보다 작은 거지요. 이런 상황에서는 빛이 원자와 원자 사이의 경계를 구분할 수 없어 그냥 점으로 보인답니다.

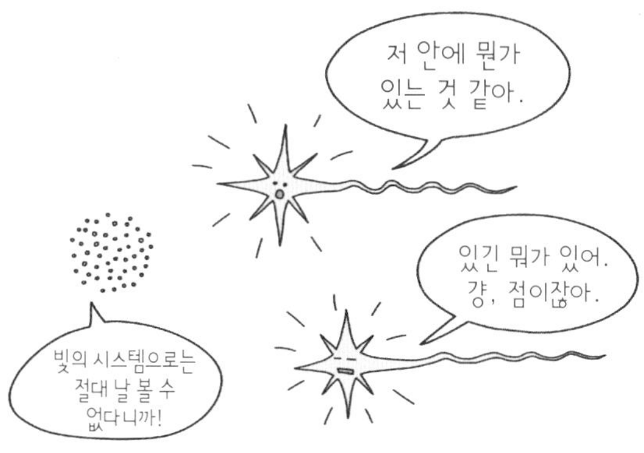

이렇게 원론적으로 볼 수 없는 미시적 존재인 원자를 다뤄야 하는 과학자들은 골치가 아팠습니다.

결국 과학자들이 이 문제를 푸는 방법은 가설과 모형뿐이었습니다.

전자를 발견한 톰슨은 원자를 양전하 속에 전자들이 파묻혀 있는 구조로 설명했고, 러더퍼드는 자신이 발견한 원자핵을 가운데 두고 그 주위를 전자가 돌고 있다고 주장하며 모형을 제시했어요.

러더퍼드는 또 원자핵의 질량이 양성자(원자핵을 구성하는 소립자) 질량의 2배가 된다는 사실도 발견했어요. 러더퍼드는 생각했지요.

"뭔가 있어. 양성자와는 다른 뭔가가 더 있는 게 분명해!"

러더퍼드가 이 유령 같은 존재로 골머리를 썩고 있을 때 덴마크의 물리학자 보어(Bohr, 1885~1962)가 보다 발전된 원자 모형을 제시합니다. 보어의 원자 모형은 원자핵 주위에 여러 겹의 궤도가 있고, 그 궤도를 따라 전자가 돌고 있는 형태였지요.

보어가 제시한 원자 모형은 러더퍼드의 원자 모형을 좀더 발전시킨 형태였기 때문에 '보어 모형'이라고도 하지요. 보어의 모형은 당시 리드베리 공식을 설명하는 데 성공하면서 과학계에서 큰 지지를 얻었어요.

한편, 러더퍼드의 머리를 아프게 했던 그 유령 입자의 정체는 1930년대 채드윅(Chadwick, 1891~1974)에 의해 중성자임이 밝혀지게 됩니다. 러더퍼드의 제자였던 채드윅은 원자번호 4번인 베릴륨 원자에 알파 입

자를 충돌시키면 정체를 알 수 없는 입자가 튀어나온다는 것을 확인했어요.

채드윅은 이 제3의 입자가 양성자와 거의 같은 질량을 가지며 전기적으로는 중성이라는 것을 알아내고 '중성자' 라고 불렀어요.

이렇게 해서 원자를 구성하고 있는 입자에 대한 수수께끼는 대부분 풀리게 되었어요.

정리하면, 원자 안에는 원자핵과 전자가 있고, 전자는 원자핵을 중심으로 궤도 운동을 하고 있으며, 원자핵은 양성자와 중성자로 이루어졌다는 거죠. 또 원자핵은 원자의 1만 분의 1 정도 크기인데, 이 작은 원자핵 속에 원자 질량의 대부분이 들어 있지요.

러더퍼드의 실험이 있은 지 20여 년 만에 원자를 구성하는 입자는 대부분 규명되었습니다. 하지만 이 입자들의 존재 방식에 대해서는 여전히 의문투성이였지요. 몽타주는 나왔는데, 프로파일 혹은 라이프 스타일을 알 수 없었던 거지요.

이쯤 되자 화학의 영역에서 출발했던 원자의 연구는 좀더 전문적

인 분야의 학자들, 주로 물리학자의 숙제로 넘어갑니다. 사실, 러더퍼드나 보어, 채드윅 같은 과학자들은 미립자의 세계에 작용하는 법칙을 연구한 사람들이었으며, 20세기 새로운 원소를 분리하고 만들어낸 건 물리학자들이었어요.

물론 원자에 대한 연구가 물리학자의 전유물이 아닌 관계로 현대에 정리된 원자의 모형을 설명하려면 화학적, 물리학적인 접근이 동시에 필요합니다.

현대의 원자 모형은 이렇게 물리학적인 사고를 토대로 완성이 되는데요, 그 중심에 있는 개념이 '오비탈' 입니다. 오비탈은 간단하게 말해 원자핵 주변에서 전자가 발견될 수 있는 공간으로, 전자가 나타날 공간을 확률로 나타낸 것입니다.

오비탈은 orbit(궤도) + al(~스러운)의 합성어로 '궤도스러운' 이란 의미인데, 이는 실제 궤도는 아니지만 궤도와 비슷한 특징을 가지고 있다는 뜻으로 해석할 수 있어요. 정확한 궤도가 아니라, 핵 주위에 확률로 존재하는 전자와 '각 지점에서 발견될 확률' 의 전자를 점으로 표시한 것으로 우리 눈에는 원자핵 주위에 구름이 퍼져 있는 것처럼 보입니다. 그래서 현대의 원자 모형을 '전자구름 모형' 이라고도 하지요.

현대의 우리는 원자보다도 더 작은 미립자인 쿼크의 존재까지 규명해낸 시대에 살고 있습니다. 또 주사형 터널 현미경(STM)이나 원자력 현미경(AFM)을 통해 원자의 배열 상태를 직접 확인하는 것도 가능하지요.

하지만 이것으로 끝난 것이 아닙니다. 물질의 근원에 대한 탐구는 아직도 계속되고 있으며, 이미 발견한 미립자들에 대해서도 밝혀내야 할 사실들이 더 많지요. 알고 있는 것보다 알아내야 할 것들이 더 많은 물질의 세계…. 그 길고 아득한 지식 여행에서 우리가 어디쯤 와 있는지는 아무도 알 수 없습니다.

4 원소, 질서를 찾다

누구나 가지고 있는 이름, 우리는 가끔 이름을 통해 그 사람의 인상을 결정하기도 하지요.

원소들도 제각기 이름을 가지고 있습니다. 산소, 수소, 질소, 헬륨….

그런데 초등학교만 졸업해도 원소의 이름을 들으면 대충 그 원소의 정체를 짐작할 수 있게 됩니다.

그 이유는 화학을 처음 접할 때부터 물질들은 어떠한 특성을 중심으로 구분짓는 것부터 출발했기 때문이지요.

하지만 원소의 이름만 듣고도 그 원소의 정체를 짐작할 수 있기까지는 상당한 지식의 축적이 있었습니다.

인류가 처음으로 발견한 원소는 아마도 금이었을 겁니다. 금은 자연에서 누런색 덩어리로 존재하면서 잘 닦아주면 반짝반짝 빛을 내지요. 원시인들도 이 흔치 않으면서 요상한 물질에 관심이 갔을 테니까요. 그다음은 구리나 주석 같은 금속들을 발견했을 것이고, 황이나 나트륨 같은 원소들을 찾아냈을 것입니다. 물론 이러한 원소의 발견은 대부분 우연에 기인한 것이지요.

그러나 우연에 의한 원소의 발견에는 한계가 있는지라, 17세기까지 인류가 알고 있는 원소는 15개 정도에 불과했어요. 그러다가 18세기에는 31개, 19세기에는 63개로 원소의 개수가 늘어나게 되는데, 이는 과학의 틀이 잡혀가면서 체계적인 연구가 진행된 결과였습니다.

원소 개수가 증가하면서 과학자들은 이를 분류해야 한다는 압박을

받게 되지요. 처음으로 이 압박에서 벗어나고자 했던 사람이 바로 라부아지에였습니다.

라부아지에는 동물과 식물에 포함된 원소, 염기를 만드는 원소, 염을 만드는 원소, 분리할 수 없는 원소로 나누었는데, 엄격히 말해서 이는 물질을 구분하는 정도의 수준이었습니다.

이후 원소의 구조가 조금씩 밝혀지면서 독일의 과학자 되베라이너(Döbereiner, 1780~1849)에 의해 체계적 분류가 이루어지게 됩니다. 1829년 되베라이너는 원자량을 따져보다가 특이한 사실을 알아냅니다. 원소들 중에서 어떤 원소의 평균값을 내보면 다른 하나의 원소가 가지는 원자량과 비슷하다는 것이지요.

되베라이너는 이를 '세쌍원소'라 하고 원소를 구분합니다. 세쌍원소설은 원소의 규칙성을 밝혀낸 최초의 법칙이었으나, 모든 원소에 적용되지 않아 보편성을 얻지 못했어요.

이어 영국의 화학자 뉼렌즈(Newlands, 1837~1898)는 당시 발견된 62개의 원소를 원자량 순으로 배열하면 8개의 원소마다 비슷한 성질을 갖는다는 것을 알아냅니다. 그는 이를 음악의 음계에 비유해 '옥타브의 법칙'이라 부르고, 1866년 런던화학회에서 발표하나 '의미 없는 발상'이라며 조소를 받게 되지요.

그로부터 3년 후, 멘델레예프(Mendeleev, 1834~1907)는 놀라운 통찰력과 좀더 정교한 방식으로 원자량에 따라 원소들을 배열하여 주기율표를 만듭니다. 그는 1869년까지 발견된 63개의 원소를 세로 7개 주기, 가로 18개 족으로 나누어 배치합니다. 그리고 족과 원소가 맞지 않으면 그 자리를 '이곳을 채울 원소는 지금 없지만 미래에 발견될 것이다' 라며 비워놓는 센스까지 발휘합니다.

실제로 멘델레예프의 이 예언은 얼마 지나지 않아 새로운 원소들이 발견되면서 사실로 나타나지요.

| 맨델레예프의 주기율표 |

멘델레예프의 주기율표는 물리학의 상대성이론에 버금가는 화학적 성취를 이루었어요. 그러나 1894년 아르곤이 발견되면서 멘델레예프의 주기율표는 모순을 드러내게 됩니다. 아르곤의 원자량이 칼륨보다 커서 원자량의 순서대로 원소를 배열할 수가 없었던 거지요.

이를 해결한 것은 영국의 물리학자 모즐리(Moseley, 1887~1915)였습니다. 모즐리는 원소의 배열을 원자량이 아닌 원자번호를 기준으로 정하고 새로운 주기율표를 만들었습니다.

모즐리는 각 원소에 엑스레이를 투과해 나오는 파장의 크기로 원자번호를 결정했어요. 이는 나중에 양성자 수에 따른 차이라는 것을 알게 되었지요.

현대의 주기율표가 원자번호를 기준으로 하게 된 것은 이때부터

랍니다.

그렇다면 원자량과 원자번호는 무엇일까요?

원자량은 특정한 원소의 질량을 기준으로 다른 원소의 질량을 상대적으로 나타낸 것입니다. 맨처음 기준이 된 원소는 수소였습니다.

돌턴이 수소의 원자량을 1로 하고, 다른 원소들의 원자량을 정한 것이지요. 그러나 수소는 화합물의 수가 적었기 때문에 실용적이지 못했습니다.

그후, 스웨덴의 화학자 베르셀리우스(Berzelius, 1779~1848)와 벨기에의

스타스(Stas, 1813~1891)는 산소를 기준으로 했어요. 특히 스타스는 산소의 원자량을 16으로 하고, 나머지 원소의 원자량을 정했어요.

그런데 산소를 기준으로 하는 데에도 문제가 있었습니다. 화학자들이 산소의 평균 원자량(원자량 16, 17, 18을 갖는 산소 동위원소들의 평균값)을 16으로 정한 반면, 물리학자들은 가장 흔한 산소 동위원자의 원자량을 16으로 택해 화학계의 원자량을 물리학계의 원자량으로 바꾸려면 1.00275를 곱해야 했던 것입니다.

거기다 자연에는 산소에 더 많은 산소의 동위원소가 있다는 것이 확인되었어요. 이러한 불편함으로 인해 과학자들은 모두가 받아들일 수 있는 통일된 기준이 필요했습니다.

그 결과 1961년 과학자들은 당시 가장 광범위하게 활용되었던 탄소 12의 원자량을 원소의 원자량을 나타내는 기준으로 정합니다.

탄소 원자량은 평균 원자량이 한 개의 동위원소를 기준으로 해야 한다는 물리학자들의 요구와 오랫동안 사용해온 화학계의 원소 원자량의 기준에서 0.004%의 오차밖에 차이나지 않는다는 점에서 현재까지 사용되고 있습니다.

현재 사용하는 원자량은 탄소의 동위원소인 탄소 $_{12}C$, 평균 원자량 12.011입니다.

원자번호는 출생 과정이 원자량과는 조금 다릅니다. 원자를 구성

하는 입자에는 양성자, 중성자, 전자가 있어요. 원자량은 그중 양성자와 중성자의 수를 합한 것입니다.

예를 들어, 수소는 중성자가 없고 양성자만 있으므로 질량은 1이고, 탄소는 중성자와 양성자가 각각 6개이므로 12, 산소는 각각 8개씩 가지므로 16이 되지요.

따라서 같은 원소라도 중성자 수가 다르면 원자량도 달라지는데, 이렇게 양성자 수는 같고 중성자 수가 다른 것을 동위원소라고 합니다. 그러나 중성자 수가 다르다고 해서 원소의 성질이 바뀌지는 않습니다.

전자도 마찬가지입니다. 원소에 따라서는 전자를 잃어버리는 것도 있고, 잘 얻는 것도 있는데 이 경우 양이온이나 음이온의 전기적 성질(전하)만 띨 뿐 원소의 성질은 바뀌지 않습니다.

그런데 특이하게도 양성자 수가 바뀌면 원소의 성질이 다른 원소로 바뀝니다.

예를 들어, 수소가 핵융합으로 양성자를 얻게 되면 헬륨이 되고, 우라늄이 핵분열로 양성자를 잃으면 바륨이나 크립톤이 되지요.

물론 보통의 화학반응에서는 양성자 수가 달라지지 않습니다. 따라서 원소들의 고유한 특성을 나타내는 양성자 수야말로 원소들을 한 줄로 세우는 데 가장 좋은 기준이 됩니다.

즉, 원자번호는 원소를 구분짓는 가장 특징적인 요소인 양성자를 연구하다보니 나오게 된 위대한 발견인 셈이지요.

화학사의 대발견이라고 할 수 있는 주기율표는 처음부터 '원자번호대로 배열해보자' 고 해서 나온 것이 아닙니다. 성질이 비슷한 원소들끼리 묶다보니 나온 것이지요. 그러나 원자번호(양성자 수)가 발견된 과정이나 주기율표를 만들게 되는 과정을 보면 이는 자연의 놀라운 진실에 이르려는 과학자들의 투혼이 얻어낸 결과임을 알게 됩니다.

따라서 주기율표는 자연에 존재하는 수많은 물질들에게 질서와 규칙을 부여한 위대한 업적인 것이지요.

5 주기율의 비밀

수많은 악기들이 내는 소리를 하나의 음악으로 만들어 황홀한 감동으로 승화시키는 오케스트라가 있습니다.

이때 지휘자는 악기의 특성을 모두 이해하고, 그 하나하나의 소리가 어울려 눈물이 찔끔 날 만한 멋진 화음으로 엮어내기 위해 자리를 배치합니다. 큰 소리를 내는 타악기는 뒤에, 섬세한 선율을 담당하는 현악기는 앞쪽에, 음량을 풍부하고 깊게 해주는 관악기는 중간에 두

지요. 즉, 비슷한 성질의 악기들을 모아 개별적인 악기 소리가 아니라 음악이라는 예술로 조율해내는 것입니다.

주기율표를 처음 보면 이런 오케스트라가 떠오릅니다. 우리가 화학을 이해하고 배우려는 지휘자라면 원소들은 성향이 비슷한 것끼리 모여 법칙과 질서를 가지고 심오한 화학의 세계를 만드는 악기들인 것이지요.

화학에서 주기율을 이해해야 하는 이유는 바로 여기에 있습니다. 주기율이란 원소를 차례로 배치했을 때 그 성질이 주(週, 일주, 주일, 둘레), 기(期, 기약하다, 기다리다)적으로, 일정한 법칙(律)을 가지고 나타난다는 의미를 갖고 있습니다.

현재까지 밝혀진 바로는 원소를 원자번호 순으로 배열했을 때 주기성을 갖는 이유는 전자 배치의 규칙성 때문입니다. 주기율표에서 가로쪽 부분을 주기(Periodic)라고 하고, 세로쪽은 족(Group)이라 구분합니다.

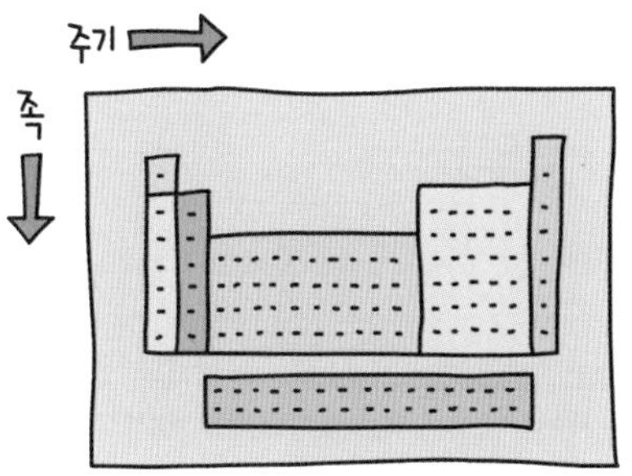

원자의 핵을 중심으로 운동을 하고 있는 전자는 오비탈(층)을 가지고 있습니다. 전자의 개수가 2, 8, 8, 18, 18, 32의 간격으로 오비탈이 만들어지는데, 이때 맨 바깥쪽 오비탈에 있는 전자(최외각전자)의 수가 같으면 원소가 갖는 성질도 비슷하죠. 또한, 전자 수가 2, 8, 8, 18, 18, 32의 순으로 채워지는 껍질(오비탈)을 갖기 때문에 비슷한 성질의 원소도 주기성을 가지고 등장하는 것이지요.

즉, 주기는 같은 전자껍질을 가지고 있는 원소들이고, 족은 최외각전자의 수가 같은 원소들의 모임입니다. 주기는 1~7주기까지 있으며, 7주기는 아직 완성된 상태가 아닙니다. 족은 1~18족까지 있으며, 1족은 알칼리 금속, 2족은 알칼리 토금속과 같은 고유한 이름을 갖고 있습니다.

주기율표에 있는 원소를 지구에 사는 동물이라 가정한다면 호랑이인지, 원숭이인지, 사람인지 종을 결정하는 유전인자에 해당하는 것은 주기이고, 호랑이, 고양이, 치타 등을 결정하는 것은 족이라고 할 수 있는 셈이지요.

주기율표의 왼쪽에 있는 원소들은 주로 금속들로 육식동물처럼 활동적이면서 자유롭지요. 반면 오른쪽에 있는 원소들은 대부분 비금속들로 액체나 기체인데, 동물로 치면 초식동물처럼 온화하고 안정을 추구합니다.

물론 중간중간 뛰는지, 나는지, 풀을 먹는지, 고기를 먹는지 애매한 것들도 있지만요.

금속들은 대부분 최외각전자 수가 남습니다. 2개나 8개, 18개나 32개가 되면 딱 맞아떨어지는데 1~3개가 남는 바람에 처치 곤란에 빠지게 되지요. 그래서 이 금속원소들은 틈만 나면 전자를 버리지 못해 안달입니다.

한편 비금속 쪽의 원소들은 1~3개가 모자랍니다. 그래서 전자라면

사족을 못 쓰고 달려들지요.

보통 원소들은 양성자 수와 전자 수가 같아서 전기적으로 중성을 띠는데, 이런 이유로 전자가 나가거나 들어오게 되면 균형이 깨져 +나 -의 '전기적 성질'을 띠게 됩니다. 이것을 '이온'이라고 하지요. 이를테면 금속원소들은 양이온이, 비금속원소들은 음이온이 됩니다.

이온이 되면 원자는 크기도 달라지게 됩니다. 원자의 크기는 보통 반지름으로 나타냅니다. 원자 반지름은 두 원자가 결합하여 만들어진 분자의 핵과 핵 사이의 거리를 측정해서 반으로 나눈 값입니다.

한편 원소들 중에는 세상 일에 초탈한 듯 유유자적하는 것들도 있습니다. 바로 주기율표의 맨 오른쪽에 있는 원소들입니다. 18족에 속해 있는 이 비금속들은 대부분 기체들인데, 아무 걱정거리도 없이 나무에서 잠이나 자는 나무늘보 같습니다.

흔히 비활성기체로 불리는 이 원소들은 최외각전자의 수가 가득차 안정된 상태이기 때문이지요.

이처럼 주기율표는 원소들을 이해하는 데 많은 정보를 줍니다. 주기와 족을 지표 삼아 원소의 성질을 예측하고 비교할 수 있으며 화합

물이 어떻게 생겨나고, 화학반응이 왜 일어나는지 화학의 기초적인 원리를 밝힐 수도 있지요.

주기율을 화학의 지도나 나침반으로 비유하고, 상대성원리만큼 중요한 발견으로 여기는 것은 이 때문입니다.

최외각전자를 잃고 양이온이 될 때 전자껍질이 줄어들면 반지름도 줄어듭니다. 이것은 주로 금속원소에서 일어나지요. 반대로 비금속처럼 전자를 얻어 음이온이 되는 경우에는 전자들 사이에 반발력이 커져서 반지름이 늘어나게 됩니다.

그래서 원소들의 주기적 성질을 파악할 때는 주기율표를 척도로 합니다.

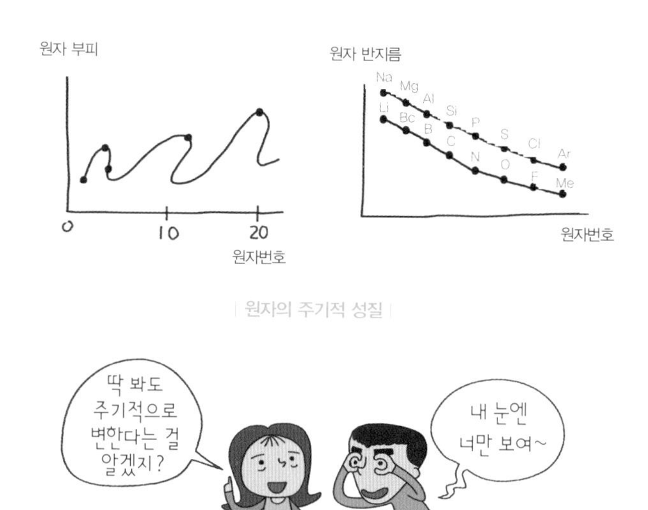

| 원자의 주기적 성질 |

6 물질은 왜 물질인가?

우리는 가끔 상대방이 자신의 상식이나 기준에서 벗어난 행동을 했을 때 말합니다. "도대체 네 정체가 뭐냐?"

그러면 상대방은 달리 할 말이 없습니다. 외적으로 자신을 규정하는 기준에 맞춰 대답하는 수밖에요.

"나야 인간이지. 봐봐. 눈, 코, 입… 다 있고, 직립보행을 하고…."

어쨌든 인간의 정체는 '육체적인 것'과 '정신적인 것'을 기준으로 이야기하곤 합니다.

그렇다면 화학이 다루는 대상의 정체는 어떤 기준을 가질까요?

화학을 학교에서 배울 때를 기억해보세요.

아마 교과서에 '물질과 에너지'라는 단원이 있었던 것이 기억날 거예요.

여기서 '물질과 에너지'란 사실 지금까지의 지식 수준에서 존재하는 거의 모든 것을 말합니다.

물질이란 옷, 책상, 음식, 집 등을 이루고 있는 재료를 통틀어 이르는 말입니다. 따라서 물질이 되려면 질량과 무게를 가지고 있어야 하지요.

우리 주변에 있는 대부분의 것들은 물질입니다. 공기까지도 말입니다.

한편, 뭔가 있기는 한데 물질이 아닌 것이 있습니다. 따스한 햇볕, 어둠을 밝히는 촛불, 전철을 움직이는 전기…. 우리는 이런 형태로 존재하는 것을 에너지라고 합니다.

그런데 화학은 물질적인 것을 중시하는 학문입니다. 눈에 보이고 손에 잡히는 존재에 관심이 많지요.

물론 현대의 화학이 학문적 연구 범위를 물질이라는 영역으로 한정한 것은 아닙니다. 학문이 정립되는 과정상 그러한 체계를 밟아왔고, 그러다 보니 화학이라는 분야를 쉽게 이해하려면 물질의 정체를 밝히고 현상을 탐구하는 데서 출발해야 한다는 것이지요.

세상에 있는 물질의 종류는 헤아릴 수 없을 만큼 많습니다. 대략 지금까지 찾아낸 물질의 종류는 1억 가지라고 하는데, 현재 상표로 등록된 물질만도 약 3천만 개이며, 그중 미국에서만 8만여 종의 물질이 생활에 쓰이고 있다고 합니다.

그렇다면 이렇게 많은 물질들을 어떻게 분류할까요?

우선 가장 포괄적이고 보편적인 방법으로 '순물질'과 '혼합물'로 나눕니다.

순물질은 다른 물질이 섞여 있지 않은 한 가지 물질, 즉 설탕, 물, 금, 은, 산소, 수소, 이산화탄소 같은 것들이지요.

혼합물은 순물질이 두 가지 이상 섞여 있는 것입니다. 설탕물, 공기, 석유 등은 모두 혼합물이지요.

여기서 용어상으로 헷갈리지 않게 정리해야 할 것이 있는데, 바로 '순물질'과 '화합물'입니다.

여기서 질문 하나 할까요?

"모든 순물질은 화합물일까요?" 또 "모든 화합물은 순물질일까요?"

정답은 'No'와 'Yes'입니다.

왜냐하면, 화합물이란 두 가지 이상의 다른 원자가 결합하여 만들어진 물질을 가리키기 때문입니다.

순물질은 혼합물과 구분되는 물질을 나타낼 때, 화합물은 단일 원소와 서로 다른 원소가 결합하여 만들어진 물질을 구분할 때 주로 사용하므로 물질의 분류에서는 화합물을 순물질로 생각하는 것이 편리합니다.

순물질이든 혼합물이든 물질들은 우리의 지적 레이더 망에 포착되면 이름을 갖게 됩니다. 어떤 것은 물이라 하고, 어떤 것은 소금이라고 하며, 1천 9백 자가 넘는 긴 이름으로 부르는 것도 있습니다.

이렇게 이름을 붙일 수 있는 것은 물질마다 특성이 달라서입니다. 소금이 물과 다르기에 소금일 수 있는 것이고, 금이 구리와 다르기에 금일 수 있는 것이지요.

물질의 특성을 찾아 구분할 때는 색깔, 냄새, 맛, 굳기, 광택 등 겉보기 성질을 사용하기도 하고, 밀도, 녹는점, 끓는점, 용해도처럼 물리적인 측정을 통해 알아내기도 합니다.

물질의 종류가 같다면 물질의 이러한 성질, 혹은 특성이 반드시 같아야 하는데요, 물질의 질량이나 온도, 부피는 환경이나 조건에 따라 달라지기 때문에 물질의 종류를 구별하는 기준으로는 사용하지 않습니다.

마찬가지로 두 가지 이상의 물질이 섞여 있는 혼합물의 경우, 섞여 있는 물질의 특성을 모두 나타내므로 고유한 모습을 갖지 못하게 됩니다. 그래서 물질의 종류를 정할 때 혼합물은 학문적으로 정하지 않게 되지요.

그럼, 물질을 간단히 분류해볼까요?

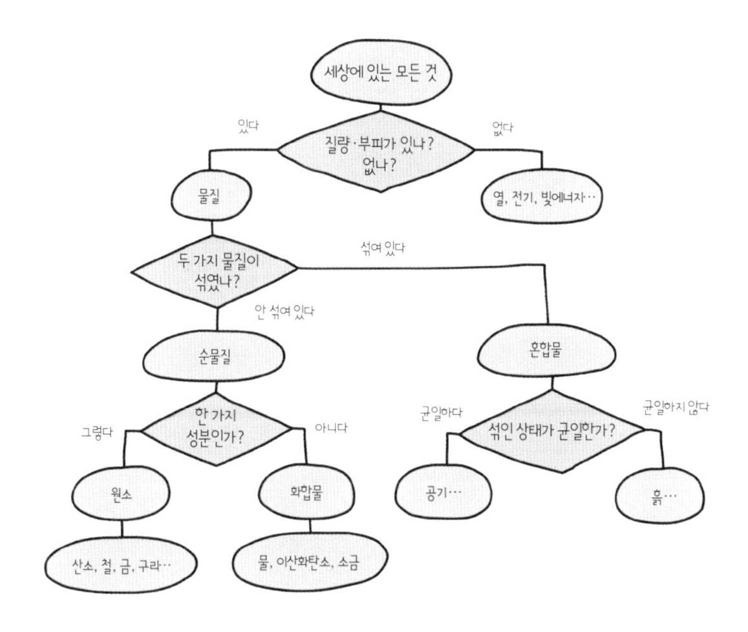

이런 방식으로 물질의 종류를 구별했을 때 우주가 탄생하면서 생긴 수소, 헬륨, 규소, 산소, 철 등 간단하고 단순한 물질부터 환경과 조건에 따라 새롭게 생겨난 물질까지 지구상에는 2천 5백만 정도의 순물질이 있을 거라고 합니다.

하지만 물질의 숫자를 헤아리느라 시간을 보내는 것은 무의미합니다. 지금도 어느 화학자의 실험실에선 새로운 물질이 발견되고 또 만들어지고 있을 테니까요.

7 화학 결합, 물질 탄생의 조건

아무리 친한 사이라 하더라도 한 번쯤은 싸움을 하고 헤어져도 보는 게 사람 사는 세상입니다.

그런데 같이 있을 땐 몰랐는데 서로 떨어져 혼자가 되어 보면, 참 외롭습니다.

외로움이 사무치면 깨닫게 됩니다.

'아~ 인간이란 혼자 살기엔 부족함이 많은 불안한 존재구나.'

자연계에 존재하는 원소들도 그렇습니다.

혼자 있기보다는 이렇게 저렇게 만나고 합쳐져 수많은 물질을 만들어내지요.

이것이 화합물입니다.

그렇다고 근본도 없는 탕아처럼 닥치는 대로 만나고, 아무렇게나 결합하는 것은 아닙니다. 나름대로 제 마음에 드는 것을 고르고 서로 도움이 될 것들을 찾지요.

사람이 외모나 성격, 환경에 따라 서로에게 끌리듯 원자들에게도 나름 원칙이 있습니다.

주기율표를 보면 금속원소와 비금속원소가 있습니다. 원자들이 화합물을 만드는 힘과 원칙은 이 금속과 비금속원소의 매칭에 따라 다를 수 있습니다.

금속과 금속, 금속과 비금속, 비금속과 비금속….

자연계에는 수많은 화합물이 있지만 그것들은 모두 이 세 가지 방식에 의해 만들어집니다. 그렇게 해서 원소들이 만나는 것을 '화학 결합'이라고 하지요.

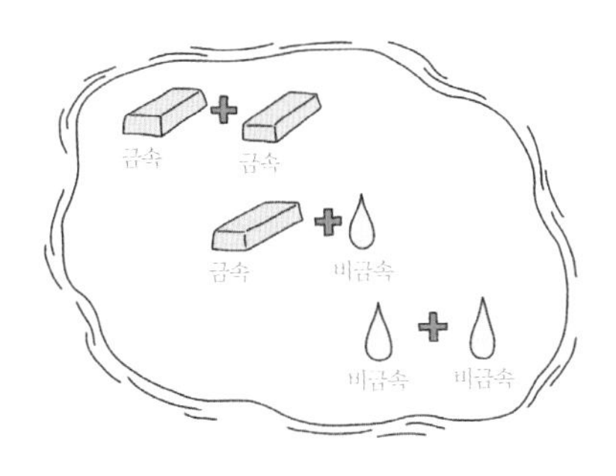

먼저 금속과 비금속이 만나는 방식은 소금이 대표적입니다.

소금은 염소(Cl)와 나트륨(Na)이 만나 만들어집니다. 염소의 원자는 양성자 17개, 전자 17개를 가지고 있는데요, 최외각 껍질의 전자 수가 안정되기 위해선 1개의 전자가 필요합니다.

반면, 나트륨은 양성자가 11개, 전자도 11개입니다.

최외각전자는 8개의 전자를 채우면 되는데 나트륨은 8개를 채우고 아쉽지만 1개의 전자를 더 가지고 있는 셈이지요.

이렇게 서로 아쉬운 게 있으니 염소와 나트륨은 만나자마자 전자를 주고받습니다. '옳다구나' 하고 말이지요. 그런데 전자를 주고받으면 양성자 수와 전자 수가 맞지를 않습니다. 수가 딱 맞아야 중성 상태를 유지할 수 있는데 말이지요.

그렇다고 상황을 되돌릴 수도, 양성자를 내보내 존재 자체를 바꿀 수도 없는 일. 원자는 성격을 바꾸는 것으로 이 '전자 맞교환 사태'를 정리합니다. 염소는 전자를 얻어 염화이온인 음이온이 되고, 나트

륨은 전자를 잃고 나트륨이온인 양이온이 되는 거지요.

서로 전자를 주고받은 데다 양이온과 음이온은 전기적으로 찰떡궁합입니다. 자석도 N극과 S극이 만나면 볼 것도 없이 끌어당기듯이, 이온도 인력이 작용하는 것이지요.

염화이온과 나트륨이온은 이렇게 해서 안정된 화합물이 되는데, 이것이 바로 염화나트륨, 즉 소금입니다.

이렇게 양이온과 음이온이 반대되는 전하의 끌어당기는 힘에 의해 묶이는 결합을 '이온 결합'이라고 합니다. 이온 결합 물질들은 고체

상태에서는 전기가 통하지 않아요. 이온들이 단단히 묶여져 있어서 전자가 이동할 수 없기 때문이지요. 그런데 물에 녹으면 이 이온들이 떨어져 물 분자에 붙게 되고, 물 분자는 자석처럼 부분적으로 양전하와 음전하를 띠게 되지요. 그 결과로 이온 결합 물질은 액체 상태나 물에 녹였을 때 전기가 흐르게 된답니다.

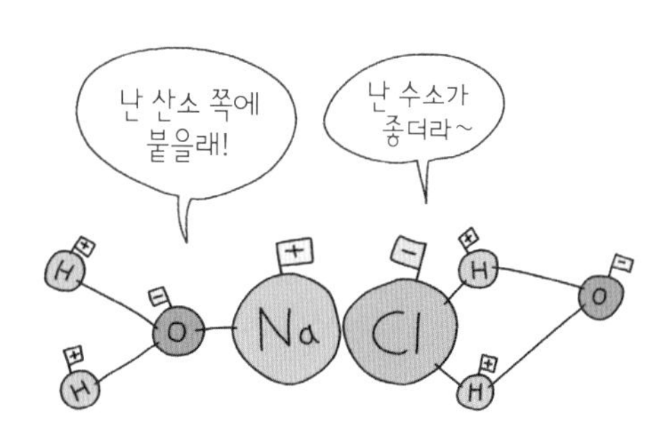

탄소 12개, 수소 22개, 산소 11개의 원자가 결합해 만들어진 물질이 있습니다. 바로 설탕이지요. 설탕은 이온 결합과는 다른 방식으로

묶입니다. 탄소, 산소, 수소는 모두 비금속원소인데, 이 원소들은 전자를 간절히 원합니다. 그러니 이런 원소들끼리 만나게 되면 전자를 내어줄 아량은 베풀 수 없지요.

고민스러울 일이긴 한데, 여기서 원소들은 나름 지혜를 발휘합니다. 서로 전자를 공유하는 거지요.

염소 기체를 예로 들면, 염소는 원자번호 17번으로 최외각전자가 7개여서 1개의 전자만 더 있으면 매우 안정된 상태가 될 수 있지요. 염소 기체는 그런 염소 원자 2개가 모여 만들어집니다.

"나도 하나를 내놓을 테니, 당신도 하나 내놓으쇼."

"좋소. 적절한 제휴인 것 같으니 수락하지요."

이렇게 전자를 하나씩 공유하는 방식으로 말이지요.

좀 복잡하긴 하지만 설탕의 탄소, 산소, 수소도 이런 공유를 통해 결합을 합니다.

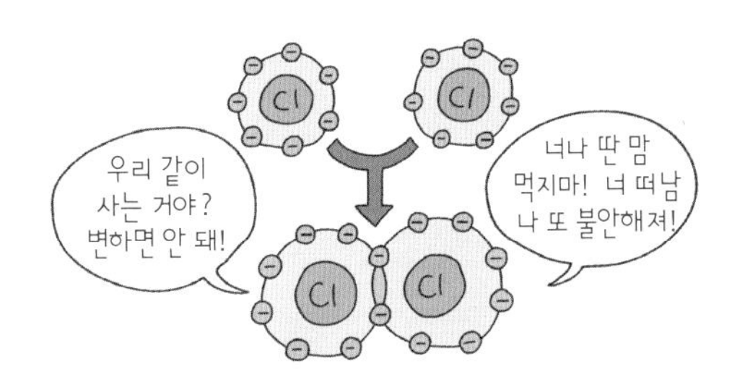

| 염소의 공유 결합 |

금속과 금속이 만나면 어떻게 될까요?

금속 물질은 보통 순수한 혈통을 중시하는지라 금, 구리, 철 등 한 가지 원소로 이루어집니다. 그러면서도 죽고 못 살 정도로 서로를 반기는 것은 아니어서 핵과 전자를 맞대며 결합을 합니다.

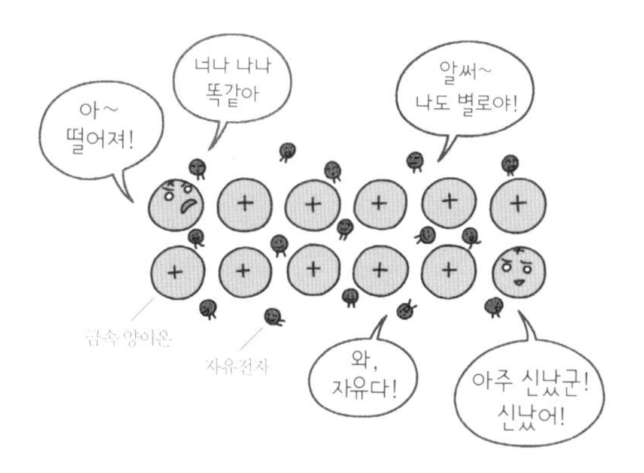

즉, 금속의 최외각전자는 핵의 통제에 그다지 구속받지 않는 관계로 쉽게 떨어져나갑니다. 그러면 금속 원자는 양이온이 되고, 전자는 자유로운 형태가 되지요. 그래서 이 전자를 '자유전자'라고 합니다.

이렇게 금속 양이온과 자유전자 사이의 결합을 '금속 결합'이라

고 합니다. 금속 물질의 특성으로 꼽히는 전기가 잘 통하는 것, 열과 전기를 잘 전달하는 것, 호일처럼 넓게 퍼지는 것, 철사처럼 가늘게 뽑히는 것, 휘어져도 깨지지 않는 것 등은 바로 '자유전자'가 부리는 마술이지요.

누군가를 좋아하게 되면 상대방에게 많은 것을 해주고 싶어지지요. 요리도 그중 하나인데요, 이것도 훈련이 필요한지라 마음만 먹는다고 뚝딱 제맛을 낼 수 있는 것이 아닙니다.

특히 맛을 좌우하는 조미료를 잘못 사용하게 되면 입에 즐거움을 주자고 한 일이, 불쾌함을 주는 일이 될 수도 있습니다.

조미료 중에서 가장 대표적인 것이 소금과 설탕입니다. 소금과 설탕을 사용할 때는 양만큼 중요한 게 순서인데요, 반드시 설탕을 먼저, 소금을 나중에 써야 합니다.

그 이유는 소금 분자와 설탕 분자의 크기가 달라 재료에 배어드는 작용이 다르기 때문입니다.

물질의 결합에는 세 가지 형태가 있습니다.

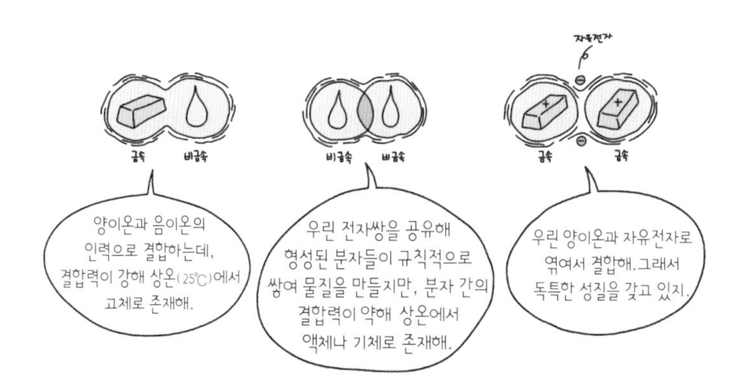

원리상으로는 단순해 보이는 이러한 결합을 통해 수많은 물질들이

만들어지는데, 이렇게 생겨난 물질들의 특성을 갖는 최소 단위를 '분자'라고 합니다.

소금은 이온 결합을 통해 탄생합니다. 나트륨과 염소가 전자를 주고 받으며 일대일로 만나 소금이 되는 것이지요.

반면, 설탕은 탄소와 산소, 수소가 전자를 함께 쓰며 안정된 형태로 결합하는 공유 결합을 합니다.

이렇게 탄생부터 다른 소금과 설탕은 분자의 크기가 차이납니다. 설탕은 매우 크고 소금은 그에 비해 작지요. 더군다나 물에 들어가면 소금은 나트륨과 염소가 이온 형태로 바뀌지만 설탕은 분자 상태 그대로 있게 됩니다.

그래서 설탕보다는 소금이 재료에 잘 배어들게 되지요. 또 소금은 재료의 조직을 꽉 조여주는 성질도 있어 일단 소금이 먼저 들어가면 설탕을 아무리 넣어도 재료에 잘 스며들지 않습니다. 그러니 요리를 할 때는 항상 설탕을 먼저, 소금을 나중에 넣어야 기대했던 맛을 낼 수가 있는 것이지요.

이렇게 물질이 다르면 분자도 다르기 마련이어서 한 가지 원소로 이루어진 물질이라고 하더라도 배열이 달라지면 물질의 물리적 화학적 성질도 달라집니다.

예를 들어, 다이아몬드와 흑연은 모두 탄소로만 되어 있습니다. 다이아몬드는 4개의 탄소 원자가 3차원적인 결합으로 계속 이어지고 흑연은 3개의 탄소 원자가 정육각형의 평면으로 계속 이어지는 분자 구조입니다.

산소와 오존, 붉은 인과 흰 인, 사방황과 단사황 역시 이런 종류의 물질들로 흔히 '동소체'라고 합니다.

한편, 두 가지 이상의 원소가 결합한 분자의 경우에는 원소의 종류에 따라 모양과 특성이 가지가지로 나타나게 됩니다. 그래서 분자를 문자처럼 식으로 표현하는데요, 염화나트륨처럼 이온 결합을 하는 경우에는 양이온을 앞에, 음이온을 뒤에 쓰고 전하의 비율을 맞추어 표시하는데 이를 '실험식'이라고 합니다.

또 공유 결합을 통해 만들어지는 분자를 표기할 때는 원소기호를 쓰고, 각 원소의 오른쪽 아래에 원자의 개수를 씁니다. 이것을 '분자식'이라고 하죠.

실험식과 분자식은 모두 분자를 표기하는 방법이지만 의미상 미묘한 차이가 있습니다.

실험식은 이온의 비율이 맞아야 하므로 원소의 개수를 적지 않지만, 분자식은 공유 결합이므로 결합하는 원소의 개수를 적는 것이 그것이지요. 또 분자의 개념에 있어서 물처럼 공유 결합을 하는 물질의 경우 물질의 특성을 나타내는 최소 단위, 즉 수소 원자 2개, 산소 원자 1개가 분자가 되지요.

그러나 이온 결합을 하는 염화나트륨의 경우 음이온과 양이온이 번갈아 배열되는데, 이때 이온의 수가 적게 결합되면 가루 소금이 되고, 이온의 수가 많게 결합되면 덩어리가 큰 왕소금이 되지요. 물론 크든 작든 염화나트륨의 특성은 달라지지 않아요.

이렇게 이온 결합을 하는 물질은 이온의 개수가 물질의 특성을 결정하는 것이 아니므로, 모든 물질이 분자로만 이루어졌다는 말은 틀린 셈이지요.

살다가 불현듯, 어떤 불가항력의 힘이 자신을 이끌고 있다는 생각

이 들 때가 있습니다.

운명이라고 하든, 신의 계획이라고 하든 이성과 합리적 판단으로는 도저히 납득할 수 없는 일들을 겪게 되면 더욱 그렇지요.

하지만 우리는 대부분 그 힘이 이끄는 대로 살아갑니다. 그게 인간이니까요.

모든 원소들도 그렇습니다. 원소들은 의도하든 의도하지 않든 '분자'라는 형태로 끊임없이 이끌려 갑니다. 그것이 물질들의 운명이지요. 다만 우리는 우리를 이끄는 힘이 무엇인지 가늠할 수 없을 때가 많지만 원소들이 분자의 형태로 존재하려는 이유는 확실합니다. 바로 '안정' 때문이지요.

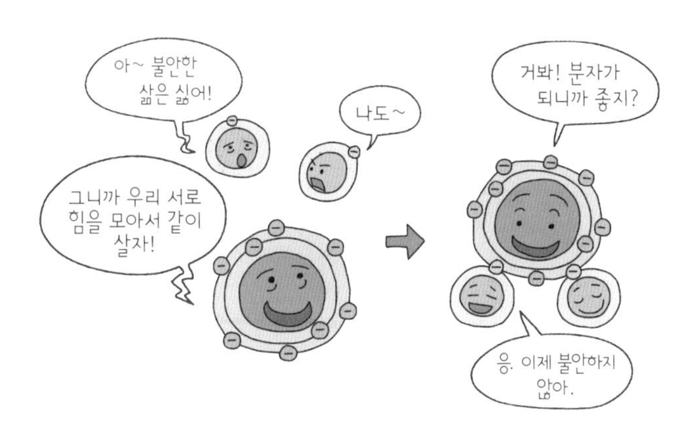

9 화학이 사랑하는 수식들

구약성서의 창세기에는 바벨탑에 관한 짧고도 극적인 일화가 실려 있습니다.

온 세상이 한 가지 말을 쓰고 있었던 시절, 자만한 인간은 도시를 세우고 탑을 쌓아 신의 권위에 도전을 하지요. 화가 난 신은 땅에 내려와 말을 뒤섞어놓습니다. 그러자 사람들은 혼돈에 빠져 흩어져버립니다. 그 도시가 바로 바벨이고, 그때 쌓았던 탑이 바벨탑이라는 것입니다.

성경에는 바벨(Babel)이 히브리어로 '혼돈'이란 뜻이라고 나와 있습니다. 화학계도 근대 화합물의 명명법이 제정되기 전까지는 바벨의 시기였습니다.

고대부터 화학적 지식은 끊임없이 발전해왔지만, 이를 표현하는 방식에 있어서는 제각기 달랐던 거지요. 실제로 고대의 연금술사들은 화학 원소나 물질을 상당히 비밀스럽고 신비하게 표현했습니다.

요즈음 첨단 전자 제품의 박막 재료로 주목을 받고 있는 산화아연(ZnO)을 '아연의 꽃(Flower of zinc)'으로 부른다거나 9세기 페르시아의 연금술사 자카리야 알 라지가 발견한 황산(H_2SO_4)을 '비트리올의 기름(Oil of vitriol)'이라고 부른 것이 그 예지요.

연금술사들이 이렇게 난해하고 복잡한 이름을 붙인 데에는 물질마다 발견된 시기와 과정이 다르고, 나름대로 이 분야에서는 전문 지식인이라는 자존심이 작용했기 때문이었습니다.

동양에서도 상황은 비슷했습니다. 산화아연은 '아연화(亞鉛華)'라고 했으며, 단청의 채색 재료로 널리 쓰이는 산화납(PbO)은 '밀타승(密陀僧)'으로 불렀지요. 밀타승은 '밀교의 승려'라는 뜻인데, 스님들의 장삼과 비슷한 색을 내기 때문에 붙여진 것으로 보고 있어요. 산화납의 영어명은 리사지(Litharge)예요.

이렇게 같은 물질을 서로 다른 이름으로 부르니, 이름만 가지고는 화학적 정체를 알 수 없었지요.

조성이 복잡한 화합물은 물론 원소들도 사정은 마찬가지였습니다. 연금술사들에 의해 존재가 확실한 주요 원소들은 기호의 형태로 표기되긴 했지만, 이름을 붙이는 데 특별한 원칙이 있는 것은 아니었습니다.

원소들은 발견 당시의 상황과 화학적 특성 등에 따라 이름이 붙여졌습니다. 금의 경우 고대에서부터 발견된 흔적이 있으며, '찬란히 빛나는 새벽'이라는 뜻의 라틴어 'Aurum'로 불렸고, 영어로는 Jvolita(산크리스트어로 '빛'을 뜻함)에서 유래된 Gold로 불리기도 했지요.

영어로 '눈썹을 그린다'는 뜻을 가진 스티븀(Stibium : 라틴어)인 안티몬은 은백색 금속으로 '수도사를 반대하는 것'이라는 의미의 Antimony에서 나왔습니다. 이는 독일의 한 수도원장이 돼지에게 우연히 안티몬 화합물을 먹인 후 살이 찌는 것을 보고 40여 명의 수도생에게 이를 먹여 떼죽음을 시킨 데서 유래되었다고 해요.

이렇게 기준도, 원칙도 없이 불리던 원소와 화합물들에게 질서가 부여된 것은 1787년 프랑스의 변호사 기통 드 모르보(Guyton de Morveau, 1737~1816)와 라부아지에 등이 새로운 명명법을 제안하면서부터입니다.

이들의 명명법에 근간이 된 것은 보일(Boyle, 1627~1691)의 주장이었습니다.

'순수한 모든 화학물질은 더 이상 분해시킬 수 없는 원소와 2가지 이상의 원소로 분해되는 화합물로 나눌 수 있다.'

라부아지에 등은 이 주장을 받아들여 산소(Oxygen), 수소(Hydrogen), 질소(Nitrogen)의 이름을 지었어요. 이 이름을 짓는 데는 화학적 특성을 나타내는 그리스어를 사용했는데, 산소는 '산(Oxy)을 만드는 것(genes)', 수소는 '물(hydro)을 만드는 것', 질소는 화약의 주요 성분인 '초석(nitro)을 만드는 것'이라는 의미였지요. 또 탄소는 숯을 뜻하는 'Carbon'으로 하였으며, 유황은 'Sulfur'를 그대로 썼지요.

화합물은 산화물, 황화물, 산, 염으로 구분하고 이들 물질을 만드는 중심 원소의 이름을 어간으로 한 후 여기에 접미어를 붙였어요.

산화물(oxide) → 이산화탄소(carbon-dioxide)

황화물(sulfide) → 황화수소(hydrogen-sulfide)

산(acid) → 황산(sulfuric-acid)

이런 식으로 말이지요.

그런데 이들이 새로운 명명법을 강력하게 제안한 데는 당시 화학계를 지배하고 있던 플로지스톤설을 부정하려는 의도가 있었습니다.

하지만 진짜 화학 언어의 변혁이 일어난 것은 1814년 베르셀리우스가 원소기호를 창안하면서 일어났어요.

원소기호는 연금술사들도 사용했지만 그것은 어떤 물질을 기호로 표시한 것일 뿐, 학문적 체계와는 거리가 멀었어요. 또한 비밀스럽고 난해한 데다 제각각 다르기까지 했지요.

"화학 기호는 쓰기에 편리한 것이어야 해!"

베르셀리우스는 이렇게 주장하며 원소의 라틴명(또는 널리 쓰이는 이름)에서 첫 글자를 뽑아 원소기호로 사용했어요.

첫 글자가 같으면 겹치지 않는 다음 글자를 합쳐서 표기하는데, 수소(hydrogen)를 'H'로, 헬륨(helium)은 'He'로 쓴 것이 그 예이지요. 단, 텅스텐과 수은은 예외여서 텅스텐(tungsten)은 'T' 대신 'W(텅스텐을 처음 분리한 청망간중석(wolframite)에서 따옴)'를 쓰고, 수은(mercury)은 'M' 대신

'Hg(액체 은을 가리키는 라틴어 hydrargyum에서 따옴)'로 표기했지요.

베르셀리우스의 문자기호 이전에도 과학적인 체계를 세워 원소를 기호로 나타내려는 노력이 있었어요. 1775년 스웨덴의 베리만(Bergman, 1735~1784)은 59종의 원소와 화합물을 기호로, 1787년 프랑스의 하센프리츠(Hassenfatz, 1755~1827)는 도형과 문자를 이용한 기호를, 1808년 돌턴은 원자와 원자의 무게를 나타낼 수 있는 기호를 창안했지요.

원소	구리	황	금	철
연금술사	♀	🜍	○	♂
돌턴	Ⓒ	⊕	Ⓖ	Ⓘ
베르셀리우스	Cu	S	Au	Fe

| 시대별 원소기호 |

그러나 이들이 제안한 원소기호들은 쓰기에 불편함이 많고 실용적이지 못해 19세기 과학자들은 베르셀리우스의 원소기호를 바탕으로 현재의 원소기호를 완성했어요.

그런데 현재의 원소들의 이름을 살펴보면 '~리움' 이나 '~늄' 으로 끝나는 것들이 많지요. 이것은 원자번호 104번까지는 화학적 성질이 규명되어 발견자의 뜻에 따라 이름을 붙였지만, 110번부터는 규명되지 않은 것이 있어 이름을 붙이지 못했기 때문입니다.

따라서 IUPAC(국제 순수·응용화학연합)에서 1978년 원자번호 104번에서 118번까지 명명 규칙을 마련했어요.

이 규칙은 0=nil, 1=un, 2=bi, 3=tri, 4=quad, 5=pent, 6=hex, 7=set, 8=oct, 9=enn으로 하고, 마지막 철자가 자음이면 ium을, 모음으로 끝나면 um을 붙이기로 한 것입니다.

현재 국제적으로 통용되는 화학 용어는 이 IUPAC의 명명법을 따르고 있어요.

원소기호는 화학 언어의 알파벳이라고 할 수 있습니다.

화학자들은 이 원소기호를 이용해 세상의 물질들을 표현했는데, 그것이 분자식 또는 실험식인 것이죠.

한편, 화합물을 분자식으로 나타내면 같은데, 성질이 다른 경우가 있어요. 이것은 분자에서 원자들의 배열이 다르기 때문입니다.

예를 들어, 에탄올과 다이메틸에테르는 원자의 조성이 같아요. 그래서 분자식으로 나타내면 'C_2H_6O'로 똑같지요. 이런 경우를 '이성질체'라고 합니다.

그렇다면 이 두 물질을 따로 나타내는 방법은 없을까요?

이 문제는 구조식을 사용하면 쉽게 해결할 수 있어요. 구조식은 분자를 구성하는 원자의 배열 상태를 결합선을 사용하여 선으로 나타내는 화학식을 말합니다.

구조식 외에 화학 언어로는 화학반응식이 있어요.

화학반응식은 말 그대로 화학반응을 하는 물질과 반응의 결과로 생기는 생성 물질의 종류를 분자식으로 나타낸 것이지요.

'$C_6H_{12}O_6(s) + 6O_2(g) \rightarrow 6H_2O(l) + 6CO_2(g)$'

위의 식은 포도당이 연소반응하여 물과 이산화탄소로 분해되는 과정을 나타낸 화학반응식입니다. 괄호 속의 s, g, l은 각각 고체, 기체, 액체를 표시하는 것으로 해당 물질의 상태를 나타냅니다.

흔히, 원소기호는 화학의 알파벳이고, 분자식은 단어, 구조식은 단

어의 풀이, 화학반응식은 문장이라고 합니다.

그런데 화학을 접하는 사람들은 말합니다.

"화학은 정말 복잡해서 싫어!"

"맞아, 화학식, 반응식… 생각만 해도 머리 아프다니까!"

이 모든 것이 화학을 쉽게 이해할 수 있도록 수많은 사람들이 노력한 결과라는 걸 모르고 말이죠.

화학과 재미있는 대화를 하고 싶으신가요?

그렇다면 먼저 화학에서 쓰는 언어에 관심을 가져보는 건 어떨까요?

10 기막힌 기체들

파산 직전의 금세공업자가 있었습니다.

경제난에 빠진 그는 대를 이어 운영하던 공장을 헐값에 내놓았습니다.

곧 한 사람이 나타나 공장을 샀습니다.

그리고 얼마 뒤 금세공업자는 깜짝 놀랄 소식을 듣습니다.

공장을 산 사람이 부자가 되었다는 것입니다.

금세공업자가 달려가 물었습니다.

"아니, 어떻게 된 일이지요?"

"어떻게 되긴요. 공장을 헐었더니 금이 나옵디다!"

"네? 공장에 금이 묻혀 있었다고요?"

"아니요, 묻혀 있었던 게 아니라 매달려 있었지요."

부자가 된 사람은 이렇게 말하며 허공을 가리켰습니다.

금세공업자는 나중에서야 공장 천장에 금이 있었다는 것을 알았습니다.

과연 천장에 있었던 금은 어디서 나온 걸까요?

사실은 이렇습니다.

금은 고체입니다. 상온에서는 말이지요.

그런데 1,064℃가 되면 액체로 변합니다. 온도가 올라가 2,856℃가 되면 기체로 모습을 바꾸지요.

온도가 내려가면 반대로 기체에서 액체로, 액체에서 고체로 탈바꿈을 하는데요, 천장의 금은 오랜 세월 세공 과정에서 생긴 금 기체가 쌓인 것이었습니다.

금뿐만 아니라 모든 물질은 고체, 액체, 기체 상태로 변할 수 있습니다. '온도와 압력'이라는 조건만 갖춰진다면 말이지요. 이러한 물질의 상태 변화를 '물리 변화'라고 하는데요. 그 과정에는 기화, 승화, 융해, 응고, 액화가 있습니다.

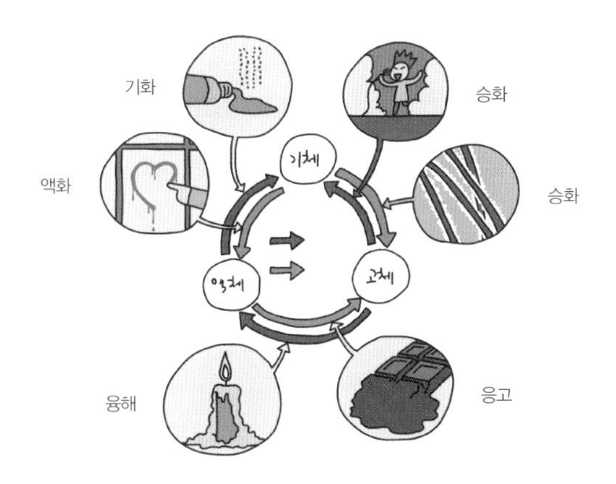

기체는 액체나 고체에 비해 분자들이 멀리 떨어져 있어 운동이 자유롭습니다. 그래서 물질에 따른 물리적 특성이 개별적으로 다르게

나타나기보다는 보편적인 규칙성을 보입니다.

특히 압력에 대한 부피 변화가 그렇습니다.

신기하게도 지구에 있는 모든 기체는 같은 압력에 대한 부피의 변화값이 동일합니다.

압력이 2배, 3배, 4배가 되면 부피는 2분의 1, 3분의 1, 4분의 1로 줄어드는 반비례 관계가 성립하지요. 이 사실은 1662년 영국의 과학자 보일이 발견했다고 해서 '보일의 법칙'이라고 합니다.

0℃, 1기압인 상태에서 22.4ℓ(1몰, mol)의 공간에는 6.02×10^{23}개(아보가드로수)의 기체 입자가 들어 있습니다. 하지만 기체 입자가 차지하는 공간은 1,000분의 1에 불과하고 나머지는 비어 있습니다.

이 비어 있는 공간 때문에 '보일의 법칙'은 어느 수준까지 성립되지요. 그러나 온도가 낮거나 압력이 아주 높아지게 되면 성립되지 않습니다.

전시에는 적군에게 심리전을 펴기 위해 풍선 속에 전단지를 넣어 날려 보내기도 하는데, 이때 풍선은 높이 올라갈수록 부풀어오르다가 터지고 전단지는 적진에 떨어지게 되지요. 이것이 바로 '보일의 법칙'을 이용한 것입니다.

물속에서 내뿜은 공기 방울이 수면에 가까워질수록 커지는 것이나 비행기를 타고 갈 때 과자류의 포장지가 지상에서보다 더욱 크게 부풀어오르는 것도 같은 예입니다.

그렇다면 압력은 일정하고 온도가 변하게 되면 어떻게 될까요?

찌그러진 탁구공을 펴기 위해 가장 많이 쓰는 방법은 뜨거운 물에 넣거나 헤어드라이어로 더운 공기를 쐬어주는 것입니다.

이 실험은 초등학교 때부터 수차례 해온 것일 텐데, 그 원리는 이렇습니다.

압력이 일정할 때 기체의 부피는 1℃가 낮아지거나 높아질 때마다 273분의 1씩 변화합니다. 찌그러진 공 속의 공기 역시 온도가 올라가게 되면 부피가 늘어나게 되고, 그 부피만큼 밖으로 밀어내는 힘이 생겨 공의 찌그러진 부분이 펴지는 거지요.

1787년 프랑스의 물리학자 샤를(Charles, 1746~1823)은 이 사실을 발견하고 '일정한 압력에서 일정량의 기체 부피는 절대온도에 비례한다'라고 정의했어요.

이어 1801년, 프랑스의 화학자 게이뤼삭이 검증해냈지요. 그래서 이 현상을 '샤를의 법칙', 또는 '게이뤼삭의 법칙'이라고 합니다.

여기서 문제 하나 내고 갈까요?

수소 2보따리, 산소 1보따리가 반응해 물이 되었습니다. 물은 몇 보따리가 생겼을까요?

물론 보따리는 크기가 같고, 기체가 새지도 않습니다.

놀라지 마세요. 정답은 2보따리입니다.

이런 현상은 다른 기체에서도 나타났습니다.

수소와 질소가 결합하여 암모니아가 생성될 때는 3:1:2의 부피비가 성립됩니다. 이 현상, 즉 '일정한 온도와 압력에서 반응하는 기체와 생성되는 기체의 부피 사이에는 간단한 정수비가 성립된다'는 '기체 반응의 법칙'은 1808년 게이뤼삭이 발견했는데, 당시에는 '원자는 쪼개질 수 없다'는 돌턴의 원자설에 맞지 않았습니다.

이때 구원투수로 나선 것이 이탈리아의 화학자 아보가드로였습니다.

그는 '일정한 온도와 압력에서 같은 부피의 기체 속에는 같은 수의 분자가 들어 있다' 는 가설을 세웠습니다.

이 가설은 당시의 기체에 관련한 대부분의 현상과 가설을 만족시켜줄 만한 것이어서 '아보가드로의 법칙' 으로 불리우게 되었지요.

이렇게 18, 19세기에 들어 기체에 대한 수수께끼가 많이 풀렸지만, 17세기 초까지만 하더라도 기체라는 용어조차 없었습니다. Gas, 즉 기체는 벨기에의 화학자 헬몬트(Helmont, 1579~1644)가 자신의 책에서 처음으로 사용했어요.

그는 그리스어인 카오스(Chaos)에서 'gas' 라는 말을 생각해냈지요.

과학자들이 자연계에서 맨처음 발견한 기체는 공기입니다.

그들은 1770년대 공기 중에 성분이 다른 물질이 포함되어 있다는 것을 처음 알았는데, 한 가지는 생명체의 생존에 필요한 것이고, 다른 한 가지는 생명을 유지할 수 없게 하는 것이었습니다.

1772년 영국의 화학자 프리스틀리(Priestley, 1733~1804)는 공기 중에서 숯을 태우면 그 공기의 약 5분의 1은 이산화탄소가 되고, 나머지는 숯이 타는 것과는 상관이 없다는 것을 알아냈어요. 이어 1777년 스웨덴의 화학자 셸레(Scheele, 1742~1786)가 공기에는 두 종류의 기체가 있는데, 하나는 '불 붙게 하는 공기' 이고, 나머지는 '오염된 공기' 라고 주장했으며, 러더퍼드는 공기 중에 섞여 있는 이 기체를 쥐가 살지 못하고 죽게 한다 하여 '독이 있는 공기' 로 부르기도 했지요.

이후 라부아지에는 이 기체를 '질소' (azote: a(부정의 의미) + zotikos(생명을 지속하다))라고 명명합니다.

수소는 이보다 앞선 1766년 영국의 화학자 캐번디시(Cavandish, 1731~1810)가 발견했어요. 그는 금속에 산을 가하면 기포가 올라오는데, 이 기포에 불을 붙이면 잘 탄다는 사실을 알아냈지요.

또 이 기체를 통해 물을 하나의 원소로 여겼던 생각을 뒤집었으며, 무게가 물의 8,760분의 1, 공기의 12분의 1이라는 것을 확인했지요. '수소'라는 이름을 붙인 것은 라부아지에였고, 캐번디시는 이 기체를 '불타는 공기'라 불렀습니다.

산소는 1774년 프리스틀리가 발견했어요.

기록상으로는 말이죠.

사실 산소는 1772년에 스웨덴의 셸레가 먼저 발견했는데, 1777년에 프리스틀리가 먼저 발표를 하는 바람에 '최초'라는 공식 명함을 잃게 된 것이지요.

수소, 질소, 산소와 더불어 지금까지 발견된 원소 중에서 상온에서 기체 상태인 것은 모두 22개랍니다.

이 기체들 중에는 최외각전자가 모두 차 있어 매우 안정된 원소들이 있는데, 비활성기체로 부르는 이 기체들은 헬륨, 네온, 아르곤 등 18족 원소들로 화학 결합을 잘 하지 않아 지구상의 어떤 기체보다 안정성을 띠고 있어요.

따라서 이 기체들은 생활 속 다양한 제품에 사용되는데 헬륨은 원자로의 냉각재와 애드벌룬에, 네온은 네온사인이나 간판에, 그리고 아르곤은 형광등에 활용하고 있지요.

과학자들은 지금까지 많은 기체를 발견하고, 기체의 다양한 특성을 찾아냈습니다. 하지만 기체를 살필 때 빼놓지 않고 나오는 법칙들을 모두 만족시키는 기체는 발견하지 못했지요.

$PV=nRT$ (P: 기체의 압력, V: 부피, n: 몰수, T: 절대온도, R: 기체상수)

보일, 샤를, 아보가드로의 법칙을 하나의 식으로 나타낸 이 공식을 충족시키는 기체 말입니다.

그래서 이 공식을 만족시키는 가상의 기체를 '이상기체' 라고 한답니다. 완벽한 이상형은 현실 속에는 존재하지 않는다고 하지요. 우리의 삶처럼 조금은 씁쓸한 것이 기체의 세계인가 봅니다.

가끔 뜬금없이 히스테리를 부리는 친구가 있습니다.

자신이 그럴 때는 모르겠지만, 옆에 있는 친구가 필요 이상으로 까다롭게 굴면 왠지 난처하고 창피하고 그렇습니다.

"쫌~ 물 흐르듯 살 수는 없는 거니?"라는 말이 저절로 튀어나오는 순간입니다.

물론, 그런 말을 한다고 해서 친구의 태도가 바뀌는 경우는 거의 없지만 말입니다.

여기서, '물 흐르듯' 이라는 말은 액체의 특징을 가장 잘 나타내는 표현입니다. 액체의 대표적인 물질이 '물' 이고, 액체의 대표적인 성질이 '유동성' 이니까요.

유동성이란 액체가 흐르려고 하는 성질을 말합니다.

액체 입자들은 서로 가까이 있어 분자 간의 인력이 작용하지만 전체적인 구조(모양)가 없어 부피를 갖고 있지만 특정한 모양이 없지요.

액체가 부피를 가질 수 있도록 구성 입자들을 묶어두는 힘을 분자간의 힘(intermoecular forces : IMF)이라고 하는데요. 액체는 이 힘이 모양을 유지하기엔 작고, 입자들이 자유롭게 날아다니기엔 커서 유동성이라는 독특한 성질을 갖게 되는 거지요.

고유의 모양은 없으되 부피를 가지고 있다는 것은 우리에게 상당한 호기심을 갖게 하는 요소입니다. 이는 곧 무엇으로도 변할 수 있고, 무엇이라도 품을 수 있는 상태거든요.

영화 터미네이터2에서는 T-1000이라는 캐릭터가 나옵니다. 우리는 이 캐릭터가 액체 금속으로 만들어졌다는 스포일러만 듣고도 어떤 전형을 가질지 쉽게 상상할 수 있습니다. 세상에서 액체만큼 강렬하면서도 인상적인 움직임을 보여주는 물질은 없으니까요. 액체가 갖는 이런 전형은 대부분 유동성에서 기인한다고 할 수 있습니다.

액체가 유동성을 가질 수 있는 것은 분자 간의 인력이 느슨하기 때문인데, 이 인력의 세기는 곧 결합의 세기라고도 할 수 있습니다. 그래서 인력이 큰 물질일수록 결합을 끊는 데 에너지가 더 많이 필요하지요. 분자들의 결합 형태와 인력의 세기를 비교해보면 대략 다음과 같습니다.

강한 인력		중간 인력		약한 인력
이온 결합		수소 결합		
금속 결합	〉	쌍극자 – 쌍극자 상호 작용	〉	무극성 – 무극성 상호 작용
공유 결합		쌍극자 – 유도 쌍극자 상호 작용		(분산력)

★ 쌍극자 : 분자가 전기적으로 두 극을 가지고 있어 서로 다른 극끼리 끌어당기는 구조

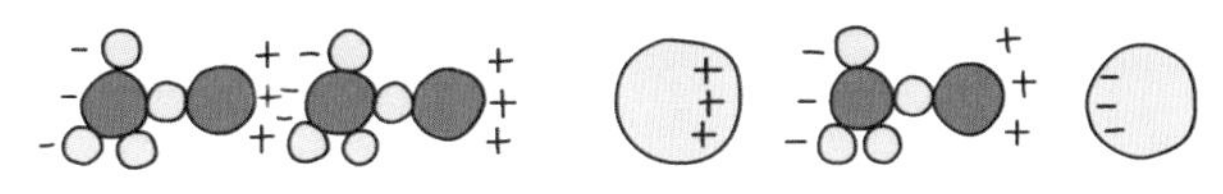

| 쌍극자 – 쌍극자 상호 작용 | | 쌍극자 – 유도 쌍극자 상호 작용 |

보통 강한 인력으로 결합되어 있는 물질일수록 액체 상태를 유지하는 온도가 높고, 약한 인력으로 결합되어 있는 물질일수록 액체 상태로 머무는 온도가 낮습니다. 수소 결합을 하는 물이 0℃에서 녹고 100℃에서 끓는 반면 공유 결합을 하는 다이아몬드는 3,550℃에서 녹고 4,098℃에서 끓는 등 결합의 세기는 인력과 밀접한 관계를 맺고 있지요.

| 수소 결합 | | 공유 결합 |

물질	힘	결합세기(KJ/mol)	녹는점(℃)	끓는점(℃)
Ar (아르곤)	분산력	8	−189	−186
NH_3 (암모니아)	수소 결합	35	−78	−33
H_2O (물)	수소 결합	23	0	100
Hg (수은)	금속 결합	68	−38	356
Al (알루미늄)	금속 결합	324	660	2467
Fe (철)	금속 결합	406	1535	2750
NaCl (염화나트륨)	이온 결합	411	801	1413
MgO (산화마그네슘)	이온 결합	1000	2800	3600
Si (규소)	공유 결합	450	1420	2355
C (다이아몬드)	공유 결합	713	3550	4098

| 물질이 액체 상태로 머무는 온도 |

모으면 모으는 대로 흘리면 흘리는 대로 대세를 거스르지 않는 성질로 우리에게 중도의 미학을 가르쳐 주는 액체. 이런 액체의 현상적 특성이 유동성이라면, 결합의 세기는 이데올로기 같은 것입니다. 사고체계가 너무 완고하면 다른 생각을 받아들이기 힘들고, 너무 느슨하면 어떤 일에도 열정을 갖지 못하니까요.

그러나 유동성이 있다고 해서 무조건 액체라고 할 수 있을까요? 젤리를 생각해보세요. 고체라고 하기엔 형태를 갖추고 있지 않고, 액체라고 하기엔 유동성이 너무 작습니다. 그냥 흐물흐물하는 상태라고 할까요?

이렇게 유동성의 측면에서 보았을 때 액체와 고체의 경계를 애매

하게 만드는 것이 점성도입니다.

점성도는 액체가 흐르려고 하는 경향(유동성)에 대한 저항의 정도를 가리키는데, 보통 점성도가 크다는 것은 액체가 잘 흐르지 못하는 것을 의미하며, 분자 간의 힘이 강한 액체들이 여기에 해당합니다.

1840년 프랑스의 물리학자 푸아죄유(Poiseuille, 1799~1869)는 가늘고 동그란 유리관에 액체를 흘려 보내는 실험을 통해 일정한 시간 동안에 유리관을 흐르는 액체의 양은 유리관의 지름, 유리관의 기울기(두 관 끝의 압력차)에 비례하고, 액체의 점성도에 반비례한다는 것을 알아냈습니다.

점성도를 측정할 때 가장 많이 쓰는 세관식(가는 관을 이용한 점도계) 점도계는 이 법칙을 이용한 것이며, 점도의 단위인 푸아즈(P)도 여기에서 유래한 것이지요. 그런데 이 법칙은

1839년 하겐(Hagen, 1797~1884)이 먼저 발견했다고도 해서 '하겐·푸아죄유 법칙' 이라고도 합니다.

점성이 생기는 이유는 분자와 분자 사이에서 작용하는 힘 때문입니다.

그래서 점성은 액체뿐만 아니라, 움직이는 분자 상태를 가진 모든 물질, 즉 기체에서도 나타나지요.

특이한 것은 액체의 경우 온도가 높아지면 점성은 낮아지지만 기체는 오히려 높아진다는 것입니다. 이것은 점성도가 액체의 경우에는 분자가 다른 분자를 얼마나 세게 잡아당기느냐에 따라 달라지고, 기체의 경우에는 분자들이 얼마나 활발하게 움직여 부딪히면서 서로

액체

기체

의 운동에 영향을 주느냐에 따라 달라지기 때문이지요.

그러나 기체의 경우 유체역학과 같이 전문적인 학문을 다루지 않는 이상 일상생활에서 점성도의 변화에 따른 현상을 발견하기 어려우므로, 액체만의 특성으로 이해하는 경우가 많지요.

어찌됐든 흐르는 물질에 점성이 없다면 세상은 지금보다 훨씬 혼란스러울 거예요. 유유히 흐르는 강물도, 적당히 찰랑거리는 찻잔도, 영화를 보다가 꽤나 분위기 잡으며 의도적으로 보여주던 그녀의 이슬 같은 눈물 방울도 없을 테니까요.

점성도와 더불어 액체의 특성 중에는 '표면장력'이 있습니다.

점성도가 분자 간의 힘에 의해 액체 내부에 나타난다면 표면장력은 액체 분자 사이에서 나타납니다. 액체도 사람처럼 피부가 있다고 본다면 액체는 가능한 이 피부를 탱탱하고 탄력 있게 유지하려고 하지요.

표면장력은 액체 내부의 힘과 표면의 힘에 차이가 나는 데서 생겨납니다. 분자들은 서로 끌어당기는 응집력을 갖고 있는데요, 액체 내부의 분자들은 주변의 모든 분자들을 끌어당기는 반면, 표면의 분자들은 옆과 내부 분자들에게만 끌어당기는 힘을 받게 되지요.

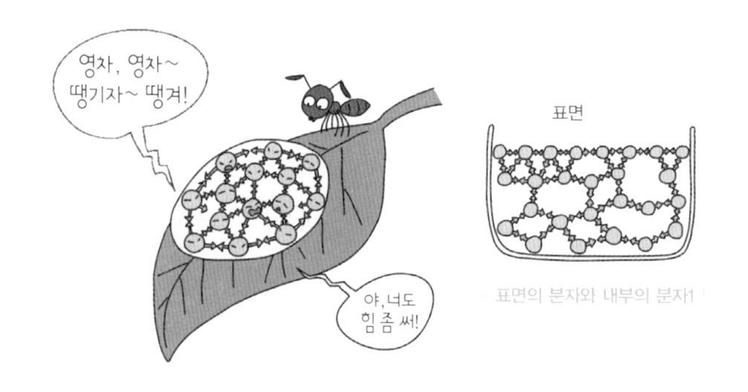

표면의 분자와 내부의 분자1

그 결과 액체는 표면적을 최소화하려는 경향을 나타내게 됩니다. 응집력으로 인한 표면장력은 분자 간의 힘이 클수록 두드러집니다. 가장 대표적인 것이 물로, 풀잎에 맺힌 이슬 방울이 위로 볼록하게 솟아오른 채 둥근 모양을 하는 현상이 바로 표면장력 때문입니다. 하늘에서 떨어지는 빗방울의 모양이 구형인 것도 마찬가지 이유에서고요.

또 액체에 가는 관을 담가두면 액체가 관을 타고 위로 올라가는 '모세관현상'이 나타나는데요, 이것도 표면장력이 만드는 현상입니다.

소금쟁이가 물 위를 걷거나 면도날이나 바늘이 물 위에 일시적으로 뜨는 것도 마찬가지고요.

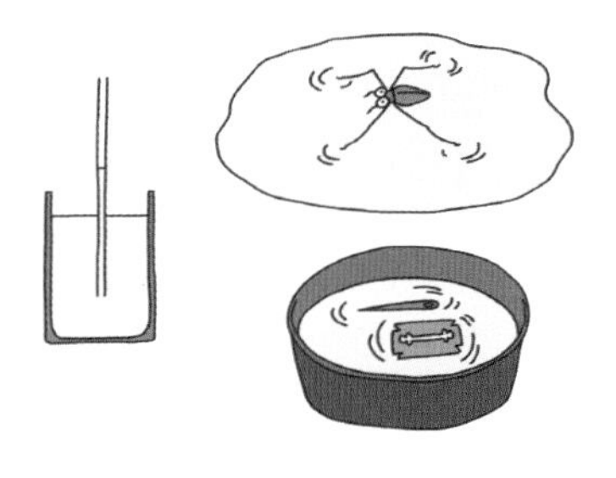

표면장력이 만드는 다양한 현상들

여기서 모세관현상을 좀더 자세히 살펴볼 필요가 있습니다.

흔히 모세관현상이라고 하면 액체가 가는 관을 타고 올라가는 것만 생각할 수 있습니다. 그러나 수은처럼 분자 간의 인력이 아주 강한 액체의 경우 오히려 가는 관 아래로 내려갑니다. 이것은 수은의 표면 분자와 관의 벽 사이에 작용하는 힘보다 수은 분자끼리 잡아당기는 힘이 강하기 때문이지요.

또 관의 굵기가 가늘수록 모세관현상이 더 두드러지는데, 식물이 뿌리에서 빨아들인 물을 나무 꼭대기까지 힘들이지 않고 올려 보내는 것은 관이 충분히 가늘기 때문입니다.

실생활에서는 아주 가는 모세관 조직을 응용한 천(극세사)이 옷감으로 사용되는데, 이 천은 습기(땀)를 흡수해 쾌적한 상태를 유지시켜준다고 합니다. 반대로 합성물질로 만든 비옷은 현미경으로 볼 수 있을 만큼 가는 모세관을 만들어 빗물을 공기 중으로 밀어내기도 하지요.

이렇게 액체의 특성을 활용한 제품들은 생활에 많은 편의를 주며 점점 더 진화하고 있습니다.

액체의 또 다른 특성을 이용한 제품이 있습니다.

바로 메이크업의 종결자로 불리는 매니큐어이지요.

여자들은 매니큐어를 손톱에 바르고 나서 호호 불어댑니다. 빨리 마르라는 주문일까요?

매니큐어는 손톱에 페인트칠을 하는 것과 같으므로 빨리 말려야 합니다. 그래야 예쁘게 보이는 것 말고 다른 용도로 손을 쓸 수 있을 테니까요.

그래서 사용하는 것이 아세톤입니다.

아세톤은 매니큐어의 성분이 잘 녹도록 해주는 용제로 매니큐어를 지울 때도 사용하지요.

아세톤은 다른 물질을 잘 녹일 뿐만 아니라 증발도 쉽게 일어나게 도와줍니다. 한마디로, 잘 마른다는 얘기지요.

액체들의 내부에서는 분자들이 쉬지 않고 운동을 하고 있습니다. 물론 분자들 사이의 인력(결합력) 범위 안에서 말이지요. 그런데 액체 분자들의 결합력이 절대적인 것은 아니라서 운동을 격하게 하던 몇몇 분자들은 이 결합력을 끊고 표면을 탈출하게 되는데 이것이 '증발'입니다.

증발은 기본적으로 흡열반응입니다. 액체 분자 사이에서 작용하는 결합력을 끊어내기 위해 주변에서 에너지를 흡수하는 것이지요. 아세톤이나 알코올을 바른 뒤 시원함을 느끼게 되는 것이 바로 분자들이 증발하면서 열을 흡수하기 때문입니다.

반대로 기체 상태에 있던 분자들 중 에너지가 적은 것들은 액체로 모일 수도 있습니다.

용돈 탈탈 털어서 집을 나갔다가 생고생만 하고 돌아오는 철부지처럼 말이지요.

이것을 '응축'이라고 합니다.

자연적인 증발과 응축은 속도의 차이는 있지만 액체의 표면에서 동시에 일어나는데 그러기 위해서는 여러 가지 조건을 갖춰야 합니다. 이 조건 중에서 가장 중요한 것이 온도와 압력이지요. 액체는 온도가 높고 압력이 높을수록 쉽게 기체로 바뀌는데 그 온도를 '끓는점', 압력을 '증기압력'이라고 합니다.

뜨겁게 달궈진 밀폐된 그릇에 물을 한 방울 떨어뜨린다고 생각해 보세요. 물은 곧 증발해 그릇 안에 퍼질 것입니다. 여기에 계속 물을 한 방울씩 떨어뜨리면 어느 순간에 가서는 물이 증발하지 않습니다. 물이 수증기가 되는 증발과 수증기가 물로 돌아가는 응축이 같은 속도로 이루어지기 때문이지요. 이런 상태를 '동적 평형 상태'라고 하는데, 이때 수증기가 미치는 압력이 바로 '증기압력'입니다.

증기압력은 곧 액체가 증기(기체)가 되고자 하는 순간의 압력이므로 외부의 압력과 증기압력이 같을 때 액체는 끓기 시작합니다.

액체마다 각기 다른 증기압력을 갖고 있는데 온도가 높을수록 함께 높아집니다. 또 아세톤이나 에탄올, 다이메틸에테르처럼 쉽게 증발하는 휘발성이 강한 물질일수록 같은 온도에서의 증기압력은 높습니다.

증기압력의 원리를 실생활에 가장 잘 이용한 것이 압력밥솥입니다. 높은 압력을 가하면 물의 끓는점이 높아져 음식을 고열에서 조리할 수 있게 됩니다. 그럼 당연히 음식 맛도 좋아지고요. 실제로 매우 깊은 바닷속 화산 분화구 주변에서는 온도가 350℃를 넘어도 물이 끓지 않는다고 해요. 압력이 엄청나게 높기 때문이지요.

반대로 상상이긴 하지만 지표면의 압력이 0이라면 물은 100℃보다 훨씬 낮은 온도에서 끓게 될 것입니다. 진공 상태의 우주 공간에서도

마찬가지지요. 그래서 우주 공간에는 물이 없는 것이랍니다.

그런데 말입니다.

액체는 특정한 온도가 되면 그전까지 잘 지키던 압력과의 계약을 파기해버립니다. 아무리 압력을 높여도 끓는 온도가 똑같아지는 것이지요.

이 온도를 '임계온도'라고 하고, 그 순간의 끓는점을 '임계점'이라고 합니다.

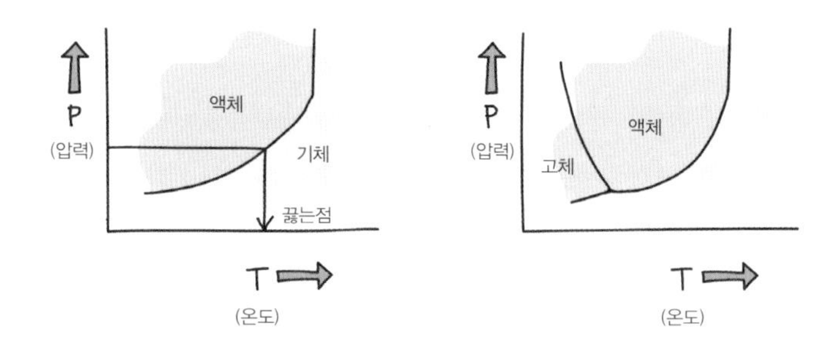

임계온도 이상에서는 아무리 압력을 높여도 액체가 끓는 것을 막

을 수 없으므로 물질은 기체 상태로만 있게 되므로, 표면장력은 0이 됩니다. 임계온도는 물질마다 다른데요, 수소의 경우 이 임계온도가 −240℃입니다. 이 말을 −240℃ 밑으로 온도를 떨어뜨리지 않고서는 아무리 압축을 해도 액체가 되지 않는다는 것입니다. 그래서 이렇게 임계온도가 낮은 수소, 산소, 헬륨과 같은 물질들은 상온에서는 액체가 되지 않는다는 의미에서 '영구기체'라고 합니다.

액체는 세상의 물질이 특정한 조건에서 갖는 하나의 상으로 유동성, 점성, 표면장력, 증기압력 등의 특징을 나타냅니다.

그런데 액체의 특징을 살펴보면 볼수록 갖게 되는 생각이 앞에서도 언급한 '중용'입니다. 부족하지도 과하지도 않은 중간의 상태, 중도의 성질 말입니다.

가끔 흐르는 물과 같은 액체를 떠올리며 오늘을 돌아보는 건 어떨까요?

거인족이면서 손재주가 뛰어났던 프로메테우스는 어느 날 진흙을 빚어 하나의 형상을 만듭니다.

내 솜씨 어때요?

이게 뭐냐?

"뭘 만들어놓은 거야?"

호기심 많은 아테나 여신은 여기에 생명을 불어넣지요.

그러자 이 진흙덩어리는 두 발로 걸으며 머리를 들고 하늘을 우러러 볼 수 있는 유일한 존재인 인간이 됩니다.

솜씨 자랑 좀 해보려다 덜컥 만들어놓은 게 인간인 셈인데, 엄혹한 세상에 던져놓고 보니 참 불쌍합니다. 날카로운 발톱이나 이빨은 커녕 딱딱한 등딱지 하나 없으니….

그래서 프로메테우스는 신들의 세계에서 불을 훔쳐다 인간에게 줍니다. 대신 프로메테우스는 그 벌로 갖은 고생을 하게 되지요. 신이나 인간이나 낳기만 한다고 다는 아닌 것 같습니다.

그런데 프로메테우스는 하고 많은 것들 중에 왜 흙으로 형상을 빚었을까요?

그것은 아마도 이야기를 지어낸 사람들이 '진흙을 빚어 만든 토기'에서 영감을 얻었기 때문일 것입니다.

사람들은 눈으로 보아야만 믿으려는 속성이 있으니 진흙으로 그릇을 빚는 걸 보면 인간의 모습을 만드는 것도 가능하리라 여겼을 테니까요.

진흙으로 빚은 그릇처럼 지구상에 존재하는 물질들도 어떤 조건 아래서는 모양을 갖게 됩니다. 이 상태를 '고체'라고 하지요.

고체의 특징을 들어보자면, 모양이 있고, 흐물거리지 않으며, 물질마다 다르긴 하지만 대부분 딱딱하고, 맛과 냄새는 거의 없습니다.

액체의 경우에는 분자들이 증발을 합니다.

증발은 액체의 표면에 이를 멈추게 할 만큼의 압력이 쌓이지 않으면 계속해서 일어나게 되지요.

콧속에 있는 우리의 후각세포는 이 증발한 분자를 감지해내고서 '냄새가 난다'고 인식하게 되는 것입니다. 그러나 대부분의 고체에서는 증발이 일어나지 않습니다. 분자들이 서로의 인력을 끊고 탈출할 만큼의 에너지를 가지고 있지 않기 때문이지요.

기체나 액체에 비해 축적된 에너지가 적다 보니 고체 분자들은 단단하게 결합되어 있으며, 구조적으로는 결정의 형태를 띠게 됩니다.

결정(結晶)은 'Crystal'로 '수정'을 뜻하기도 하는데, 우리가 알고 있는 수정을 떠올리면 결정이 눈에 보일 것입니다.

수정은 석영(Quartz)의 하나로 규소(Si)와 산소(O)만이 결합해 순수한 결정을 이루고 있는 것입니다(흔히 차돌이라고 하는 광물이 석영인데, 이산화규소(SiO_2)가 정식 명칭이에요).

수정은 1개의 규소 원자에 2개의 산소 원자가 육각형으로 층층이 결합합니다. 그래서 수정의 결정은 육각형의 기하학적인 모양을 하고 있지요.

결정은 이렇게 입자의 배열이 규칙적이라는 특징을 갖고 있습니다. 이렇게 입자가 차곡차곡 쌓이는 구조이다 보니, 염화나트륨(Nacl) 결정은 수조 개의 원자를 가질 수 있는 것입니다.

그래서 화학식을 쓸 때 각 성분 원소의 원자 수의 비율을 간단한 정수비로 나타내기 때문에 염소 원자 1개와 나트륨 원자 1개가 있는 것처럼 쓰지요. 이렇게 쓰는 화학식을 '실험식'이라고 해요.

또 드라이아이스 같은 물질은 결정을 이루는 입자는 원자가 아닌 분자입니다. 분자와 분자는 결합하려는 힘이 약하기 때문에 드라이아이스를 만들려면 낮은 온도와 높은 압력이 필요하지요.

이렇게 분자들끼리 결합을 이루는 분자는 끊고 달아나려는 성질 때문에 고체에서 바로 기체로 변하는 승화성을 갖고 있지요. 이렇게 분자가 결정을 이루는 물질로는 나프탈렌이나 요오드 결정 등이 있습니다.

금속 또한 결정을 만듭니다.

단, 순수해야 한다는 단서가 붙지요. 순수한 금의 경우 원자가 모이게 되면 내어줄 수 있는 전자를 몽땅 내놓고 이온이 됩니다. 이 전자들은 공간을 바다처럼 채우고(자유전자, '전자바다' 라고 부름) 이온화 된 원자들을 정렬시킵니다.

전자바다

금속이온들은 전자가 사방에서 끌어당기기 때문에 꼼짝달짝 할 수 없을 만큼 빽빽이 쌓이는 결정 구조를 가지고 있으며 밀도가 높습니다.

금속 결정 모형

한편, 금속 원자들이 내놓은 전자들은 가볍고 자유롭게 움직이며, 유연하고 관대해 외부에서 들어오는 전자에 대해서도 너그럽습니다.

만약 외부에서 음전하가 들어오면 이 전자의 바다는 들어오는 만큼 내보내는 아량을 베풀 것입니다. 대부분의 금속에 전류가 잘 흐르는 것은 이런 이유에서지요.

금속 결정은 이 '전자의 바다' 덕분에 외부의 충격에도 쉽게 깨지지 않습니다. 전자들이 원자들을 죽기 살기로 당기고 있어 외부의 힘을 받아도 제자리로 돌려놓기 때문이지요. 덕분에 금속은 잘 휘고 늘어나는 유연성을 갖지요, 하지만 소금(염화나트륨) 같은 이온 결정들은 층을 이루는 구조이므로 쉽게 깨지는 것입니다.

그 이유는 외부의 힘에 의하여 층이 밀리면 같은 극끼리 반발력이 생기기 때문입니다.

이온 결정

금속 결정

이상과 같이 결정으로 이루어진 고체를 '결정성 고체'라고 하지요. 한편 고체 중에는 입자가 불규칙한 것들도 있습니다. 유리, 플라스틱과 같은 것들이 여기에 속하는데, 이러한 고체들을 통틀어 '비결정성 고체'라고 합니다.

비결정성 고체는 입자의 배열이 불규칙하기 때문에 녹는점이 일정하지 않고 또 변할 수도 있습니다.

알다시피 고체는 녹습니다.

가령, −5℃의 얼음이 있다고 합시다. 이 얼음에 열을 가하면 온도는 점점 올라갑니다. 0℃ 가까이 올라간 얼음은 서서히 녹아 물이 되지요. 그런데 온도는 0℃에서 한동안 멈춰 있습니다. 얼음이 다 녹을 때까지 말이지요. 온도는 얼음이 다 녹고 나서야 다시 올라갑니다.

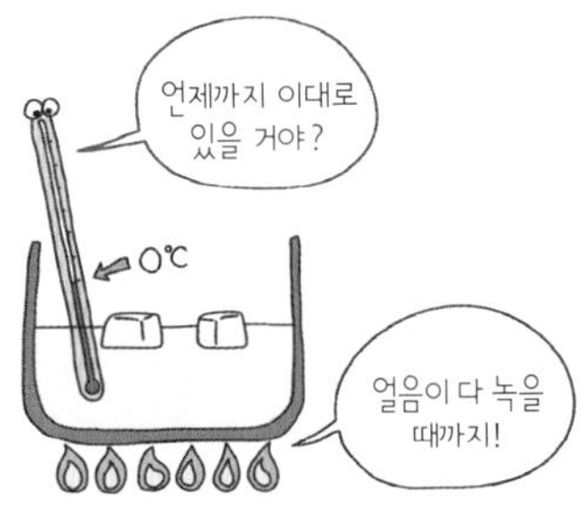

외부에서 가하는 열이 얼음 결정을 이루는 분자의 결합을 끊는 데 모두 쓰이기 때문이지요. 이렇게 얼음이 물이 되는 데 쓰이는 열을 물의 '융해열', 온도를 물의 '녹는점'이라고 합니다. 대부분의 고체는 이런 융해열과 녹는점을 갖습니다.

어떤 물질의 상태 변화와 온도의 관계를 가열곡선으로 그려보면 이렇습니다.

고체가 액체로 변하는 것 역시 흡열반응임을 보여주는 그림이지요. 가열곡선을 보면 현명한 엄마들이 여름철에 수박을 얼음물에 담가두는 이유를 알 법도 하지요.

압력도 녹는점에 영향을 미칩니다. 끓는점에서보다는 영향력이 덜하지만 압력이 높아지면 녹는점도 높아지는 게 보통이지요.

단, 물을 비롯한 몇몇 물질은 예외입니다.

물은 얼 때 부피가 팽창하면서 얼음 결정의 구조에 빈 공간을 만듭니다. 그래서 얼음은 물에 뜨게 되고, 압력을 가하면 분자들의 배열이 깨졌다가 다시 결합을 하느라 녹게 되는 거지요.

그런데 온도와 압력에 따른 물질의 상태 변화를 도표로 그려보면 특이한 지점이 나타납니다. 기체, 액체, 고체가 함께 존재하는 지점인데요, 이 점을 '삼중점'이라고 하고, 이 상태를 '3가지 상이 평형을 이루고 있다'고 해서 '상평형'이라고 합니다.

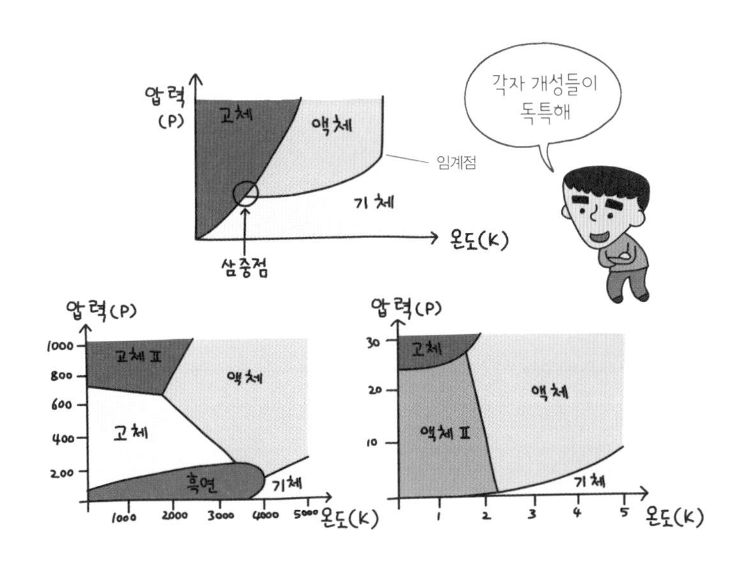

물질 중에서 탄소는 조금 복잡하고 애매한 상평형을 갖습니다. 탄소만으로 이루어졌지만 흑연과 다이아몬드는 결정 구조가 다르기 때문이지요. 같은 원소만으로 이루어졌다 하더라도 탄소와 비슷하게 엽기적 상변화를 갖는 결정 구조가 다르면 물질의 상태가 변하는 온도와 압력도 달라지게 된답니다. 탄소와 비슷하게 엽기적 상변화를 갖는 물질에는 헬륨도 있습니다.

고체라고 하면 '딱딱하고 정형적이다' 라는 느낌이 듭니다.

특히 주변에서 흔하게 볼 수 있는 광물들은 천만 년이 지나도 늘 그 상태일 것처럼 단단해 보입니다. 1812년 독일의 광물학자 모스(Mohs, 1773~1839)는 이 광물들에게 순서를 매겨봅니다.

"누가 누가 더 단단한가?"

뭐 그런 거지요.

모스는 굳기(경도)가 차이나는 10가지 광물을 순서대로 나열합니다.

굳기	1	2	3	4	5
광물	활석	석고	방해석	형석	인회석
굳기	6	7	8	9	10
광물	정장석	석영	황옥	강옥	금강석

모스 경도계

그리고 모든 고체를 이 광물들을 기준으로 굳기를 가늠하게 되는데요.

예를 들어 어떤 물질이 석영으로는 긁히는데 정장석으로는 긁히지 않으면 그 물질의 굳기는 6과 7 사이가 되는 거지요. 이것이 모스 경도계의 원리입니다.

나중에 모스 경도의 기준 물질로 손톱(2+), 구리동전(약 3), 주머니칼(5+), 유리(5 1/2), 강철 줄(6 1/2) 등이 추가가 되었습니다. 그래도 여전히 다이아몬드가 제일 강해요. 물론 굳기가 강하다고 해서 절대 부서지지 않는다는 것은 아니니 비싼 다이아몬드를 망치로 내려치는 짓은 하지 마세요.

어쨌든 정도는 다르지만 고체는 단단하고 잘 변하지 않습니다. 그래서 문학적으로도 고체는 '경직된 사고', '보수적인 이미지', '고집불통'을 상징하는 경우가 많습니다.

하지만 고체는 세상의 틀을 만들고 유지시키며, 액체나 기체가 머물 수 있는 공간을 줍니다. 무겁고 진중하면서도 보기보단 큰 배포를 가진 것이 고체인 셈이지요.

우리들의 집에도 그런 사람이 삽니다.

고체처럼 변함없이 우리를 지켜주지만 매번 그 고마움을 잊곤 하는, 바로 '아버지' 말입니다.

13 온도의 마술 파트너, 플라즈마와 극저온

살아가면서 감당해야 할 일들은 많습니다. 일도 해야 하고, 사람들과 좋은 관계도 유지해야 하고…. 그래서 사람들은 이 많은 일들을 해결해줄 마법 같은 순간을 꿈꿉니다. 그러나 그런 일들은 마법으로는 되지 않습니다.

미안하지만 세상에 마법이란 없습니다. 당신이 아무리 갈망해도 마법은 존재하지 않습니다. 오직 마음속에만 있지요. 그러니 모든 일은 당신에게 달려 있습니다.

캐나다의 유명한 마술사 제임스 랜디가 한 말입니다.

사는 게 아무리 힘들어도 요행을 바라지 마라. 그런 건 없으니까, 마음 단단히 먹고 네 힘으로 헤쳐나가야 한다. 뭐, 그런 거지요.

그런데 인생에는 마법이 없을지 모르지만, 과학에는 마법 같은 일이 의외로 많습니다.

논리와 인과론이 지배하는 과학의 세계에 우연과 변수가 연출하는 아이러니의 무대지요. 그 대표적인 것이 '우주의 탄생'입니다.

어쨌든 우연에 우연으로 지구가 또 생겨났고, 그 우연에 우연으로 우리가 태어나 지금껏 살고 있습니다. 그런 우리가 밝혀낸 것 중 하나가 물질은 기체, 액체, 고체의 상을 갖는다는 것이었습니다. 여기에는 이견이 없을 것입니다. 왜냐하면 눈에 보이는 것이 다 그러하니까요.

그러나 지구 밖으로 고개를 돌리면 전혀 다른 세상이 펼쳐집니다. 우주에 기체, 액체, 고체 상태로 존재하는 물질은 단 1%에 불과합니다. 99%는 기체, 액체, 고체와는 전혀 다른 형태로 존재하는데, 그것이 바로 '플라즈마'입니다.

플라즈마를 처음 확인한 지구인은 영국의 화학자 크룩스(Crookes, 1832~1919)였습니다. 1879년 그는 유리관에 가스를 넣고 방전시키는 연구를 하다가 음극선 부분에서 밝고 특이한 빛이 나는 것을 발견했어요. 그는 이것이 기체가 전자와 양이온으로 분리되는 현상이라는 가설을 세웠지요.

이후 랭뮤어(Langmuir, 1881~1957)라는 미국의 물리학자가 이것을 '플라즈마' 라고 불렀는데, 이는 '이온과 전자의 전하량이 균형을 이루는 영역' 이라는 의미였다고 합니다.

보통 원자는 더 이상 쪼개지지 않는 입자로 알고 있습니다.

그러나 기체 분자를 수천 도의 온도로 가열하면 분자는 원자로 나눠지고, 여기에 다시 4만℃ 이상의 열이나 가속된 전자의 충돌 에너지를 가하면 원자는 이온화됩니다(마이크로파를 쬐어도 비슷한 결과가 나타남).

그러면 기체는 양이온화된 원자, 음전하를 띤 전자, 전기적 성질이 없는 중성입자가 섞여 있는 다른 차원의 상태로 변하게 됩니다. 이것을 플라즈마라고 하지요.

| 플라즈마의 발생 원리 |

플라즈마는 자유전자가 있기 때문에 금속과 같이 전류가 잘 통합니다. 또 플라즈마 입자들은 독특한 빛을 내며, 활발하게 움직이는 탓에 반응성도 매우 높지요. 이런 독특한 성질 때문에 플라즈마를 기체, 액체, 고체와는 다른 물질의 '제4 상태'라고 합니다.

지구의 전리층(성층권 안에 있는 이온층), 밴앨런대(고리 모양으로 지구를 둘러싸고 있는 고에너지의 입자군) 등이 이 플라즈마 상태이며, 북극의 오로라도 플라즈마가 일으키는 대표적인 현상입니다.

플라즈마는 용접에 쓰이는 전기 아크, 네온사인, 평면TV 등 실생활에 많이 이용되고 있습니다. 한편, 최근 주목받고 있는 것이 수소를 플라즈마 상태로 만드는 것입니다. 과학자들이 이 프로젝트에 매달리는 것은 핵융합 발전을 실현하기 위해서지요.

| 플라즈마의 활용 영역 |

플라즈마 상태의 수소(중수소+삼중수소)는 1억℃ 이상이 되면 핵융합을 일으켜 헬륨으로 바뀌는데요, 이 과정에서 에너지를 방출합니다. 이 에너지를 이용해 전기는 만드는 것이 핵융합 발전이지요.

1억℃의 온도라면 어마어마하긴 하지만 현재의 기술로도 충분히 도달할 수 있습니다. 문제는 1억℃ 이상의 플라즈마를 담아둘 그릇이지요.

우리는 일상생활에서 열을 익숙하게 이용합니다. 음식을 끓이기 위해 사용하는 가스불은 보통 1,900℃ 정도이고, 용광로는 1,800℃ 정도이며, 나무를 태울 때 나오는 온도는 1,500℃ 정도입니다. 이 정도의 온도를 통제하는 데에는 별로 무리가 없으니까요.

그러나 온도가 수만 도까지만 올라가도 상황은 달라집니다. 얼마 전 지진으로 발생한 일본의 후쿠시마 원전 사고 때 원자로의 온도는 고작 3,000℃였습니다. 그런데도 사람들은 그 온도를 제어하지 못해, 결국 폭발을 지켜봐야만 했습니다. 그런데 1억℃라니요! 온도를 견딜

물질의 연소열 비교

만한 물질을 주변에서 찾기란 불가능에 가깝습니다.

그래서 플라즈마를 담기 위한 특별한 장치가 마련되었는데요, 이것을 '토카막'이라고 합니다. 토카막은 플라즈마의 전기적 성질을 이용해 자기장 플라즈마를 가둬두는 도넛 형태의 장치예요. 이 장치를 이용하면 1억℃의 온도를 내는 플라즈마를 허공에 뜬 상태로 보관할 수 있어요. 단 수천 도 정도의 온도를 컨트롤 할 수 있는 능력만 있으면 되지요. 이 수천 도의 온도를 컨트롤하는 데에는 극저온 기술이 사용된답니다.

이른바 "가장 뜨거운 물질을 가장 차가운 그릇에 담는 마술"이 펼쳐지는 것이지요.

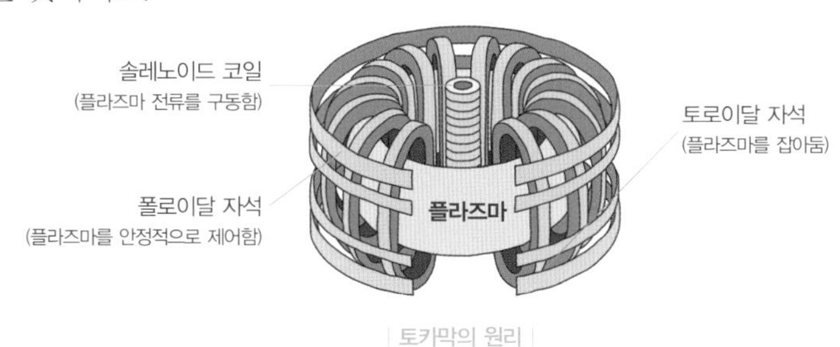

| 토카막의 원리 |

온도를 높이고자 하는 열망이 불을 발견했을 때부터 시작되었다면 온도를 낮추려는 시도는 액체가 기체로 변할 때는 주변의 열을 흡수한다는 사실을 알아내고부터였어요.

기원전 2500년경에 만들어진 프레스코 벽화 중 한 노예가 물병에 부채질을 하는 장면을 표현한 작품이 있어요. 바람을 일으켜 물을 차갑게 하기 위해서인데, 이렇게 기화열을 냉각에 이용하는 방법은 인더스 지역, 지중해 지역 등에서 널리 쓰였어요.

물론, 우리나라에도 있었죠. 더운 여름, 마당에 물을 뿌리는 것 말이에요. 아마 수천 년 전에도 삼복더위가 벅차게 느껴지면 그렇게 했을 것입니다.

하지만 그 당시에는 기체의 존재조차 몰랐습니다.

물을 가열하면 수증기가 나오지요. 18세기 이전까지만 해도 그것은 그냥 '증기'였어요. 상온 상태에서 기체가 존재한다는 것을 알아냈을 때 '증기(vapor)'라고 하지 않고 '가스(gas)'라고 한 것도 그 때문이지요.

그러다 18세기에 들어서며 과학자들은 가스도 압력을 높여주면 액체가 된다는 것을 알아냈어요. 증기와 가스의 구분이 의미가 없어진 거지요. 이것을 발견한 사람은 영국의 화학자 패러데이(Faraday, 1791~1867)였어요. 1823년 그는 단단한 그릇에 염소 기체를 넣고 높은 압력을 가했지요. 그러자 염소 기체는 보란 듯이 액체로 바뀌었답니다.

이 실험의 성공은 가스(기체)가 한 가지 상태로만 존재한다는 학설을 완전히 뒤집는 것이었지요.

그는 이어 같은 방법으로 탄산가스와 암모니아 가스를 액화시켰어요. 그러나 −130℃까지 온도를 낮추었지만 몇몇 기체는 아무리 압력을 가해도 액체로 바뀌지 않았어요. 공기(질소), 수소, 헬륨이 대표적인 기체들이었지요. 그래서 그는 이 기체들을 '액화되지 않는 기체들은 영원히 기체 상태로 머물게 된다'는 뜻에서 '영구기체'라고 불렀습니다.

1863년 영국의 물리학자인 앤드류스(Andrews, 1813~1885)는 탄산가스를 액화시키는 실험을 하고 있었어요. 실험을 하다 한 가지 이상한 점을 발견하게 되었지요. 탄산가스는 약 31℃보다 높은 온도에서는 아무리 압력을 가해도 액체로 바뀌지 않았어요. 그러다 온도를 31℃보다 낮춘 상태에서 압력을 가하자 신기하게도 액체로 바뀌는 것이었어요. 그는 직감했지요.

"기체들에겐 액체로 변할 수 있는 온도가 있어!"

기체의 액화가 일어날 수 있는 가장 높은 온도인 '임계온도'를 발견하는 순간이었어요.

임계온도의 발견은 상온에서는 아무리 압력을 가해도 액체가 되지 않던 기체들의 수수께끼를 풀어주었어요.

기체	임계온도(℃)
이산화탄소	31
산소	-118
질소	-147.2
수소	-239.9
아르곤	-122.4
헬륨	-267.9

| 영구기체의 임계온도 |

임계온도의 발견으로 영구기체들이 하나둘 액화되기 시작했어요. 우리 주변에서 가장 흔한 공기는 1877년 프랑스의 물리학자인 카유테(cailletet, 1832~1913)에 의해 액화되었어요. 그는 −27℃의 상태에서 300기압의 압력을 가해 산소를 액화시키는 데 성공했어요. 그 뒤 실험을 반복한 끝에 잇따라 질소를 액화시키며 공기의 액화에 성공하지요. 같은 시기 이웃 나라 스위스에서도 픽테(Picte, 1846~1929)라는 내과의사가 공기의 액화에 성공했는데, 이 두 사람 중 누가 먼저 공기를 액화시켰느냐가 과학계의 뜨거운 감자였다고 합니다.

1895년에는 독일의 화학자 린데(Linde, 1842~1934)가 1902년에는 프랑스의 공학자 클로드(Claude, 1870~1960)가 계속해서 액체 공기를 만드는 방법을 개선해 상업적으로 사용할 만큼 효율을 높였어요.

그런데 액체 공기의 끓는점은 −190℃ 입니다.

공기를 액화시키더라도 보통의 온도에서는 곧 기체가 되어버린다는 말이지요. 그래서 영국의 과학자 듀어(Dewer, 1842~1923)는 액화기체를 보관할 수 있는 용기를 만들었어요. '듀어플라스크'라 불리는 이

용기가 바로 우리가 많이 사용하는 보온병이에요.

이렇게 기체를 액화시키는 과정에서 유용한 발명품이 여럿 탄생했는데, 그중 최고는 누가 뭐래도 냉장고일 것입니다.

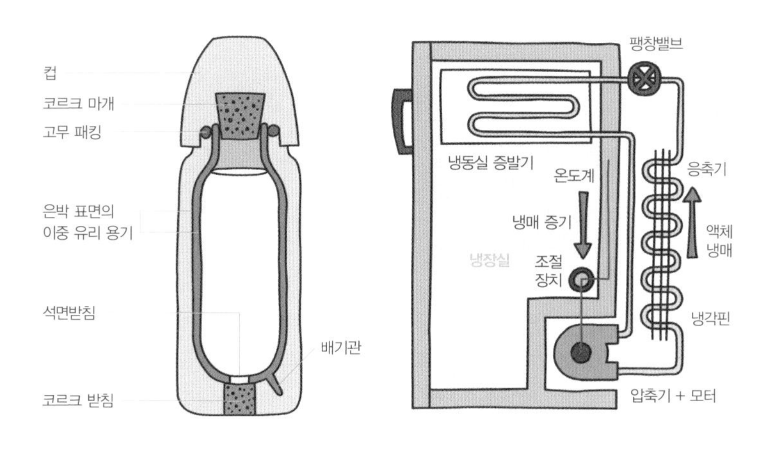

| 보온병의 원리 |

| 일반 냉장고의 원리 |

냉장고는 액화기체가
기체로 변할 때 열을 흡수하는 원리를
이용해! 이때 사용되는 액화기체가 바로
냉매야!

영하의 물질을 비교적 안정된 상태로 보관할 수 있는 저장 장치를 갖게 되자 듀어는 수소의 액화에 도전했어요. 그는 산소나 질소보다 훨씬 낮은 온도에서 액체로 변할 기체를 수소라고 생각하고, 수소를 액화시키면 대단한 과학적 발명이 될 것으로 믿었지요. 같은 시기 네덜란드의 물리학자 오너스(Onnes, 1853~1926) 역시 수소의 액화에 뛰어들었는데, 두 과학자는 비슷한 방법으로 치열한 경쟁을 펼치게 되었어요.

수소는 −252℃에서 액화가 가능해요. 따라서 수소를 그 온도로 냉각시켜야만 하지요. 두 과학자는 이 온도를 얻기 위해 위험하면서도 복잡한 장치를 썼어요.

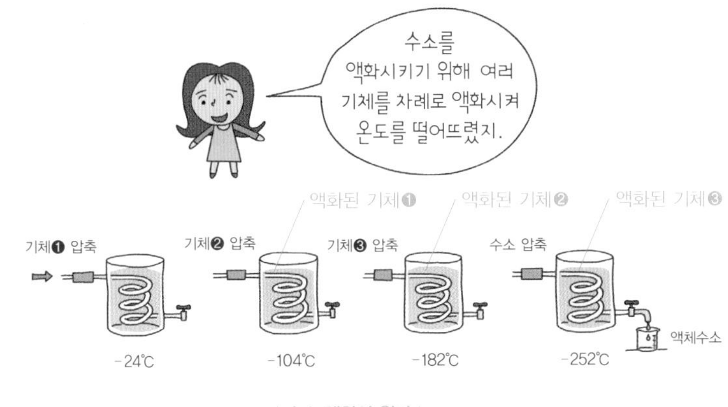

| 수소 액화의 원리 |

이 장치는 높은 압력을 필요로 했기 때문에 실험 중에 폭발 사고도 종종 일어났어요. 듀어의 조수는 폭발 사고로 실명을 하기도 했고, 오너스는 너무 위험하다는 이유로 실험실을 폐쇄하기도 했지요.

어쨌든 듀어는 1898년에 드디어 20cc의 액체 수소를 모으는 데 성공했어요. 그러나 듀어는 기대했던 만큼의 찬사를 받지 못했어요. 수소보다 더 낮은 온도에서 액화되는 헬륨이 남아 있었거든요.

헬륨은 −269℃에서 액화가 가능한 기체로 당시 새롭게 발견되어 실험에 필요한 양을 충분히 구하기 힘들었어요. 그래서 듀어는 실험을 포기할 수밖에 없었지요. 결국 헬륨의 액화는 1908년 오너스가 이루어냈고, 그 업적을 인정받아 1913년 노벨상을 받았어요.

그런데 지금에 이르러 오너스의 업적에서 헬륨 액화보다 높게 평가받는 것이 있어요. 오너스는 헬륨을 액화시키다 절대영도에 가까운

-269℃에서 전기 저항이 사라지는 것을 발견한 거지요. 그는 극저온 상태에서 일어나는 이 현상을 '초전도성'이라고 명명했어요. 초전도성은 20세기의 가장 위대한 발견 중 하나지요.

지금까지 인류가 접근한 가장 낮은 온도는 -273.1499999℃인데, 모든 물질의 원자가 운동을 멈춘다는 절대온도 -273.15℃에서 0.00000001℃가 모자란 온도지요.

이 극저온은 보스·아인슈타인 응축이라는 레이저를 이용한 냉각 기법으로 만든다고 합니다. 반대로 수소를 이용해 얻게 되는 플라즈마의 1억℃는 현실적으로 가장 높은 온도인데, 현재 과학자들은 이 플라즈마를 액체 헬륨에 가두려 하고 있습니다. 마법을 마법으로 다스리는 거지요.

초고온의 플라즈마, 절대온도에 가까운 극저온…. 이 세계에는 아직도 밝혀내야 할 수많은 비밀들이 있습니다. 그 비밀의 문을 열 때 우리에게는 또다른 마법이 펼쳐질 것입니다.

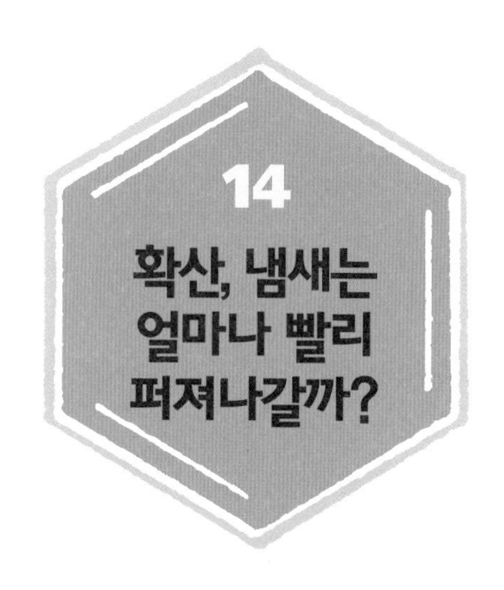

우리 몸에서 화학물질에 가장 민감한 기관은 코입니다.

후각기관인 코는 공기 중에 있는 화학물질을 민감하게 감지하고 구별합니다. 인간의 경우 1만 가지 이상의 냄새를 맡을 수 있다고 합니다. 동물 중에서는 개의 후각이 특히 뛰어나죠. 인간보다 무려 50배에서 100만 배 많은 후각세포를 갖고 있다고 하니까요.

이런 능력 덕분에 커피, 오렌지, 사과, 장미 등 고유한 냄새를 가진 물체는 보지 않고도 알아낼 수 있습니다.

그렇다면 이런 물체들은 어떻게 고유한 냄새를 풍길 수 있게 된 걸까요?

물질은 원자나 분자로 이루어져 있습니다. 이 입자들은 스스로 움직이는 성질이 있습니다. 액체나 기체 속에서 이 입자들이 스스로 퍼져나가는 것을 '확산'이라고 하지요. 결국, 물질의 입자들이 공기 속으로 퍼져나가 코에 있는 감각세포를 자극해 냄새가 나게 되는 것입니다.

확산은 액체나 기체 속에서 일어납니다. 향수 냄새가 방 안에 퍼진다거나 물에 물감을 떨어뜨리면 사방으로 번져나가는 것이 대표적인 예지요.

이러한 확산에 영향을 주는 것들이 있습니다.

바로 '온도'와 '밀도'지요.

일반적으로 확산 속도는 온도가 높을수록, 질량이 작을수록 빠른데 그 이유는 온도가 높으면 입자들의 운동이 활발해지고, 질량이 작으면 입자들이 운동에 방해를 덜 받기 때문입니다.

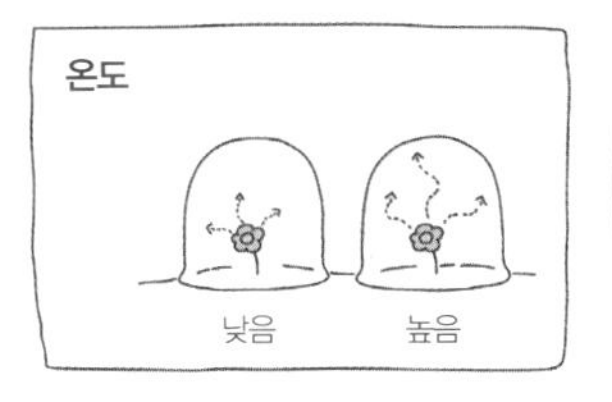

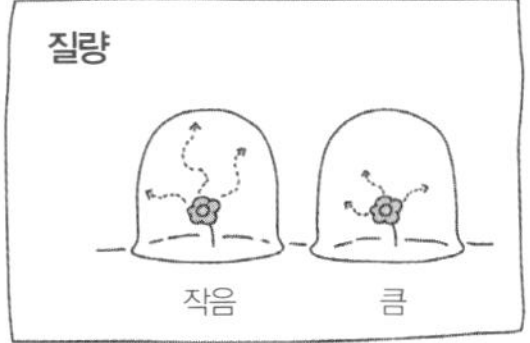

| 확산의 조건과 속도

확산은 물질을 휘젓거나 흔들고 섞는 등 외부의 힘에 의해 일어나는 것이 아니고, 원자나 분자가 연속적이면서 무질서하게 움직이는 데서 발생하는 현상이므로 원자나 분자의 운동성과 밀접한 관계가 있습니다. 그런데 온도는 원자나 분자의 운동량에 직접적인 영향을 줍니다. 온도는 열을 받으면 올라가고 잃으면 내려가는데, 여기서 열은 곧 에너지입니다.

원자나 분자는 내부에 에너지를 가지고 있으며, 이 에너지를 원천으로 운동을 합니다(원자나 분자가 갖는 운동 에너지와 위치 에너지를 합쳐 내부 에너지라고 함). 따라서 외부에서 받은 열은 원자나 분자의 운동 에너지를 높여 더욱더 활발히 움직이게 되는 것이지요.

따라서 온도가 높은 상태에서는 원자나 분자의 운동성이 커지게 되고, 확산은 빨라집니다. 이걸 눈으로 확인하고 싶다면 차가운 물과 뜨거운 물에 잉크 한 방울을 떨어뜨려보면 됩니다. 단, 절대 흔들어서는 안 됩니다.

과학적 관찰을 하고자 할 때 모든 시도들을 마무리하고 돌아보는 게 있습니다.

'무겁냐? 가볍냐?'

'크냐? 작냐?'라는 것에 대한 강박 말입니다.

초등학교 때부터 받아온 과학 교육의 쾌거인지는 몰라도 우리는 항상 이 질량과 부피에 집착을 합니다.

어쨌든 이 질량을 부피로 나누면 나오는 것이 밀도입니다. 자연계에서야 밀도에 좋고, 나쁨이 있을 수 있겠습니까만 우리가 사는 속세에서는 이 밀도가 1에 가까울수록 좋아들 합니다. 흔히 '속이 꽉 찼다' 면서 말이죠.

밀도는 단위 부피 안에 들어 있는 물질의 양입니다. 그러니까 밀도가 낮다는 것은 정해진 공간에 들어 있는 물질의 원자나 분자의 질량이 적다는 것입니다. 그런데 운동 에너지는 질량에 상관없이 같지요. 이것은 똑같은 힘을 가지고 있으나 몸무게는 다른 두 친구가 트램펄린을 하는 것과 비슷합니다. 즉, 가벼운 입자는 많이 움직이고 빠르게 퍼지며, 무거운 입자는 비교적 느리게 천천히 퍼질 수밖에 없는 거지요.

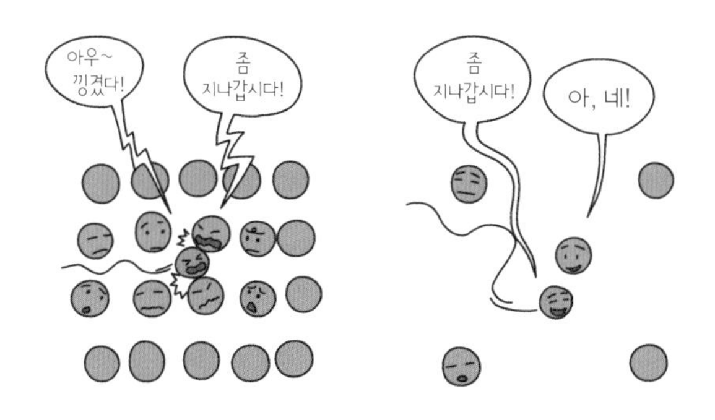

여기까지가 밀도가 낮을수록 확산이 빠르게 일어나는 이유입니다.

여기, 유리관과 염산(HCl), 암모니아(NH_3)가 있습니다. 면봉으로 두 액체를 묻힌 다음 유리관 양쪽에 동시에 넣습니다. 그리고 잠시 기다리면 유리관 안, 염산 가까운 쪽에 흰색 물질이 생깁니다(흰색 물질은 염산과 암모니아가 반응해 생성되는 염화암모늄(NH_4Cl)임).

염화암모늄이 염산 쪽에 생긴 것은 염산보다 암모니아 분자가 더 빠르게 확산되었기 때문입니다. 공식으로 정리하면 '일정한 온도와 압력에서 기체의 확산 속도는 기체 밀도의 제곱근에 반비례한다' 고 합니다. 실제로 염산보다 암모니아의 밀도가 낮고 가볍습니다.

1831년 영국의 화학자 그레이엄(Graham, 1805~1869)이 이 현상을 정리해서 발표해 이를 '그레이엄의 확산 속도 법칙' 이라고 합니다.

확산 속도는 기체, 액체, 고체 순으로 빠릅니다. 기체나 액체와는

달리 원자나 분자 활동이 자유롭지 않기 때문에 고체에서는 잘 일어나지 않습니다. 고체 확산의 대표적인 예로 암석의 일종인 규산석과 휘석을 붙여놓으면 만나는 부분에서 감람석이 생기는 것을 들 수 있습니다. 요즘은 세라믹이나 반도체 재료의 활용성을 높이기 위한 방법으로 고체 확산이 연구되고 있습니다.

또 철을 강하게 하기 위해 철 속에 탄소 원자가 스며들게 하는 것을 '침탄' 이라고 하는데, 진공이나 900℃가 넘는 온도 조건을 조성해야 하기는 하지만 이 과정에서도 고체의 확산 현상을 볼 수 있습니다.

확산 현상을 생활에 가장 잘 이용한 것이 향수입니다. 향수에는 향기를 내는 성분과 함께 알코올과 같은 휘발성 물질이 들어 있는데, 휘발성 물질은 대부분 분자량이 작고 잘 증발하기 때문에 확산이 잘 이루어진답니다.

또 요즘은 '향기가 인간의 감정을 조절하고 행동에 영향을 미친다'는 연구에서부터 출발한 향기 마케팅이 활발하게 펼쳐지고 있습니다. 실제로 낯선 도시를 여행한 뒤 가장 강렬한 인상으로 기억되는 건 멋진 건물이나 자연 풍경이 아닌 냄새라고 합니다.

확산 현상은 동식물도 이용합니다. 짝짓기할 때 상대를 유혹하기 위한 페로몬, 수정을 유도하는 꽃의 향기, 적을 물리치는 뱀이나 스컹크의 냄새 등 그 예는 아주 많지요.

파트리크 쥐스킨트의 《향수》에 나오는 악마적 캐릭터 그르누이는 천재적인 후각을 갖고 있지만 정작 자신은 체취가 없습니다. 그런 그가 13명의 사람을 죽여가면서 얻고자 했던 것은 결국 사람의 마음을 움직이게 하는 향수였는데, 아이러니하게도 그 향기는 사람에게서 오는 것이었지요.

세상은 이렇게 확산의 결과가 가져다주는 냄새에 울고 웃습니다. 그래서 생각해봅니다. 확산이 준 최고의 선물은 냄새…. 그중에서도 가장 좋은 것은 사람의 냄새가 아닌가 하고 말입니다.

형제자매가 많은 집에 가면 아이들의 이름을 헷갈리는 경우가 있습니다. 더군다나 이름에 돌림자를 쓰고 있으면 더욱 그렇지요.

화학에도 그런 집안이 있습니다.

바로 용액이네 이야기입니다.

용액은 어떤 물질이 액체에 녹아 있는 걸 말하는데요, 이 집안에 관계된 용어들이 참 많습니다.

우선 이 집안의 돌림자는 '용(溶)' 자입니다. '녹다', '녹이다' 라는 뜻이지요. 그러니까 이 집안의 구성원들은 뭔가 녹거나 녹이는 데 관계되어 있다는 걸 알 수 있습니다.

화학적으로 둘 이상의 물질이 섞인 혼합물인 용액과 그 식구들의 이름을 좀 풀어볼까요?

• 용해 : 두 종류의 순물질이 고르게 섞이는 현상
• 용해도 : 특정한 온도에서 용매 100g에 녹을 수 있는 용질의 최대 그램(g) 수

용해는 물질이 섞이는 현상이긴 한데, 물에 모래를 넣는 것과는 다릅니다. 물질의 형태가 그대로 유지되는 게 아니라 분자 단위까지 분리되었다가 다시 조립되어야 하거든요. 그래서 용액은 거르기와 같은 기계적인 방법으로는 분리할 수 없습니다.

| 모래의 경우 | | 설탕의 경우 |

예를 들어, 소금을 물에 넣으면 녹습니다. 소금(염화나트륨NaCl)은 Na^+와 Cl^- 이온으로 나뉜 다음 다시 물 분자와 결합을 합니다.

설탕의 경우는 소금과는 달리 분자째로 분리되지요.

설탕은 '$C_{12}H_{22}O_{11}$' 인데요, 물 분자는 설탕의 OH(히드록시기)를 좋아해 분자째로 끊어내는 거지요.

또 식초의 원료인 아세트산(CH_3COOH)은 물 속에 들어가면 수소이온(H^+)과 아세트산이온(CH_3COO^-)으로 나뉘는 것도 있고, 그대로 아세트산 분자를 유지하는 것도 있습니다.

그러니까 용해 과정은 용질이 용매에 들어가 결합이 깨지고 다시 용매와 재배열되는 절차를 밟습니다. 이때 용질의 결합이 깨지는 것은 용매와 다시 짝을 이루는 게 안정적이기 때문입니다.

용해는 이렇게 물질의 결합이 깨졌다 다시 결합되는 화학적인 반응으로 열을 흡수하기도 하고 내놓기도 합니다. 대부분의 용해는 열을 흡수하는 쪽으로 진행됩니다.

이러한 용해 과정을 이용하는 흡열반응 물질로는 얼음팩이 있습니다. 얼음팩에는 염화마그네슘($MgCl_2$)이 들어갑니다. 염화마그네슘 4g이 물 50㎖에 녹을 때에는 엄청난 열을 흡수하기 때문에 물의 온도가 23.9℃나 내려갑니다. 우리는 차가워진 이 용액을 머리나 어깨에 올려놓고 얼음 찜질을 하는 것이지요.

한편, 용해 과정에서 열을 내놓는 발열반응 물질로는 수산화칼슘($Ca(OH)_2$)이 있습니다. 수산화칼슘을 물에 녹이면 흔히 말하는 석회수가 되는데, 이 과정에서 열을 내놓기 때문에 물의 온도를 낮춰주면 더 잘 녹는다고 합니다.

한편 용액 안에 용질이 얼마나 녹아 있는지를 나타내는 기준을 '농도'라고 합니다. 우리가 많이 접하는 'ppm'이라는 용어가 이 농도를 나타내는 단위입니다. 물에 소금을 녹여 만든 소금물 1ℓ가 있고, 여기에 들어간 소금이 1mg이라면 이 소금물의 소금 농도는 1ppm이지요.

ppm 단위보다 더 묽은 용액에 대해선 ppb 단위를 쓰기도 하는데,

이는 'parts per billion'의 약자로 10억 분의 1을 나타내지요. 또 화학에서는 '몰 농도'를 많이 쓰는데요. 이것은 용액 1ℓ에 들어 있는 용질의 몰수로 나타낸 것입니다.

몰수의 정의는 좀 복잡합니다. 원자나 분자가 매우 작기 때문입니다. 실제로 수소 원자 1개의 질량은 1.68×10^{-24}g입니다. 수소보다 좀 큰 산소 원자 1개의 질량은 2.66×10^{-23}g이고요. 이렇게 작다 보니 원자의 질량을 쓸 때 실제 질량을 그대로 사용하기가 정말 불편한 것입니다.

그래서 화학자들은 탄소 원자를 기준으로 상대적인 값을 정했는데요. 이것이 바로 '원자량'입니다.

현재 원자량은 탄소(질량 12.00으로 정의)를 기준으로 하고 있습니다.

그런데 원자량과 분자량은 상대적인 값이므로 단위가 없습니다. 그러다보니 화학반응을 식으로 나타낼 때 매우 불편했지요.

19세기 후반 화학자들은 이 불편함을 해소하기 위해 물질의 양을 측정할 때 그램(gram) 원자, 또는 그램 분자라는 단위를 썼습니다. 예를 들어, 산소는 분자량이 32이므로 1g 분자는 32g이 되는 거지요.

1909년에는 프랑스의 물리학자 페랭(Perrin, 1870~1942)이 액체 중에 떠다니는 입자의 브라운 운동을 관찰하여 1g 분자에 들어 있는 분자의 개수를 처음으로 계산해냈어요. 그는 이 수를 아보가드로를 기리기 위해 '아보가드로 수'라고 했지요. 그가 구한 값은 7.05×10^{23}개였지만 정확한 값은 6.02214179×10^{23}개입니다.

그런데 g분자량은 좀 헷갈립니다. 부피를 나타내는 데는 적당하지도 않고요.

1971년 국제도량형총회에서는 이 문제를 개선하기 위해 물질의 양을 나타내는 단위로 몰(mole)을 채택하게 됩니다.

즉, 몰은 '아보가드로 수만큼의 묶음'을 나타내는 기본 단위로 연필 12개를 '다스', 마늘 100개를 '접', 달

갸 10개를 '줄'이라고 하는 것과 같습니다.

물 농도는 용액 1ℓ 속에 용질의 몰수를 용액의 부피로 나눈 것입니다.

단위로는 M을 쓰는데 M=몰수/ℓ 라는 공식이 되지요.

몰 농도는 화학실험에서 매우 중요하게 쓰입니다.

한편 어떤 물질이든 용해가 무한정 일어나지는 않습니다. 설탕의 경우 물 100g에 20g을 넣으면 모두 녹지만 200g을 넣으면 다 녹지 않고 일부가 남게 됩니다. 물 분자가 설탕 분자의 수를 당해낼 수 없는 거지요.

이렇게 용매는 받아들일 수 있는 용질의 양에 한계를 갖게 되는데요. 이 한계 상태를 '포화'라고 하고, 이때의 용액 농도를 '용해도'라고 합니다.

용해도는 용매 100g에 최대한 녹을 수 있는 용질의 양(g)으로 나타내는데, 물질마다 다릅니다.

그런데 200g의 설탕을 모두 녹일 수 있는 방법이 있습니다. 온도를 높여주는 거지요. 설탕은 물의 온도가 10℃일 때는 물 100g에 195g이 녹지만 20℃에서는 211.5g이 녹습니다. 즉, 온도에 따라 용해도가 달라지는 것이지요.

물질의 상태 또한 용해도에 영향을 줍니다. 고체 상태일 때는 대부분 온도가 높아지면 용해도도 올라가지만 기체 상태가 되면 오히려 반대입니다. 온도가 내려가야 더 많이 녹는 것이지요. 대신 압력을 높여주면 용해도는 증가합니다.

예를 들어, 탄산음료의 톡 쏘는 느낌은 물 속에 이산화탄소가 녹아 있기 때문인데요, 음료수를 만들 때 녹는 양을 늘리기 위해 높은 압력을 사용합니다. 그래서 탄산음료는 병이나 캔에 담겨 있는 것이지요.

깊은 물 속에 들어가는 잠수부들은 잠수병에 걸리기도 하는데, 잠수병의 원인도 바로 기체의 용해도가 압력에 따라 달라지는 데 있습니다. 우리가 호흡을 하게 되면 공기 중의 질소도 함께 마시게 됩니다. 그런데 물 속에 들어가면 압력이 높아지면서 이 질소가 평소보다 더 많이 혈액 속에 녹아 있게 됩니다. 그러다 물 밖으로 나오면 다시 압력이 낮아져 질소는 몸 밖으로 나오려 안달을 하게 되지요. 공기방울 같은 기포로 변하면서 말이에요.

잠수병은 이 질소 기포가 혈액 순환을 막아 생기게 됩니다. 따라서 물 속에서 천천히 나오거나 압력을 서서히 낮춰주면 질소 기포가 천천히, 그리고 적은 양이 생기게 되어 혈액 순환에 문제가 없게 됩니다.

어떤 물질에 다른 물질이 녹아 있으면 어는점이 처음보다 낮아집니다.

예를 들어, 물에 소금이 녹아 있으면 물의 어는점이 0℃가 아니라, 더 낮아진다는 얘기지요. 이것은 소금 입자들이 물 분자들이 결정(얼음)으로 변하는 것을 방해하기 때문입니다. 즉, 용질의 입자들이 분자들 사이의 결합을 방해하여 용액이 고체화되는 것을 어렵게 하는 거지요.

보통 용질의 농도가 높을수록 어는점은 더 낮아집니다.

추운 겨울에도 바닷물이 잘 얼지 않는 것은 이런 이유에서이며, 냉동시설이 잘 발달되지 않았던 시절, 아이스케키를 만들 때도 이 원리를 이용했습니다.

| 옛날 아이스케키 만들기 |

아이스크림은 어는점의 효과가 부드러움으로 나타납니다.

아이스크림은 냉동고에 오랫동안 넣어두지 않는 이상 완전히 어는 일이 드문데, 이것은 아이스크림의 원료인 설탕 때문입니다. 다른 재료들이 얼수록 시럽 안의 설탕은 더욱 농축되고 어는점은 점점 내려갑니다. 그래서 전체적으로 얼지 않는 부분이 남아 있게 되어 부드러움을 유지할 수 있게 되는 것입니다.

용해된 물질은 어는점을 내리지만 끓는점은 오히려 높입니다. 이것은 용질 입자가 용매 분자들이 액체의 결합 구조를 끊고 기체 상태로 가는 것을 방해하기 때문이지요.

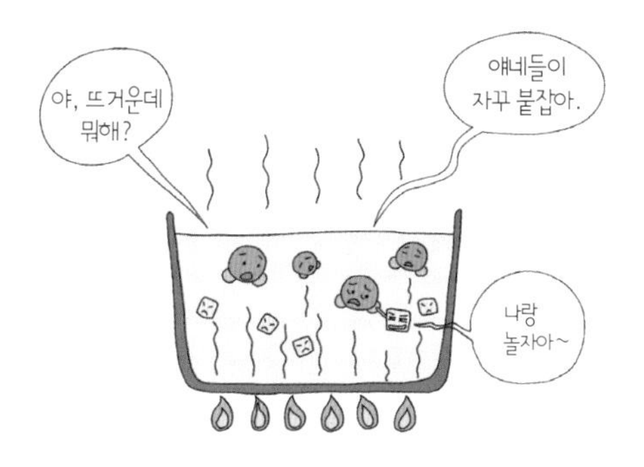

맛있는 스파게티를 만들려면 면발이 쫄깃쫄깃해야 합니다. 그러기 위해서는 높은 온도에서 삶는 게 중요하지요. 요리사들은 이런 효과를 내기 위해 스파게티 면을 삶는 물에 소금을 넣습니다. 소금을 넣으면 소금물 용액은 100℃ 이상에서 끓게 되거든요.

즉, 용해된 물질은 '어는점 내림'과 '끓는점 오름'을 통해 용액이 액체 상태로 머무는 범위를 확장시킵니다.

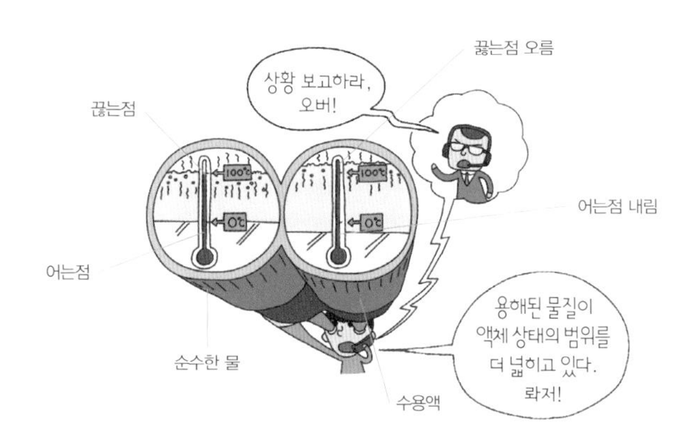

바닷물에 빠진 사람의 옷과 계곡 물에 빠진 사람의 옷이 있습니다. 두 사람 모두 단벌 백수인지라 얼른 옷을 말려 입고 가야 합니다. 딱히 해야 할 일이 있는 건 아니지만, 백수에게는 한 곳에 오래 머물러선 안 된다는 강박이 있거든요. 어쨌든 급한 마음에 두 사람은 나뭇가지에 젖은 옷을 걸어두었습니다. 모든 조건이 같다면 누가 먼저 집에 갈까요?

정답은 계곡 물에 빠졌던 사람입니다.

바닷물에는 소금과 같은 여러가지 용질이 녹아 있어 액체의 증발을 방해하고, 이것이 증기압력을 낮추게 되어 옷이 마르는 시간을 늦추기 때문이지요.

이렇게 용액은 순수한 물질에 많은 변화를 일으킵니다.

정작 헷갈리는 것은 다양한 변화보다 용어입니다. 용액, 용질, 용매… 뭐 이런 것들이겠죠?

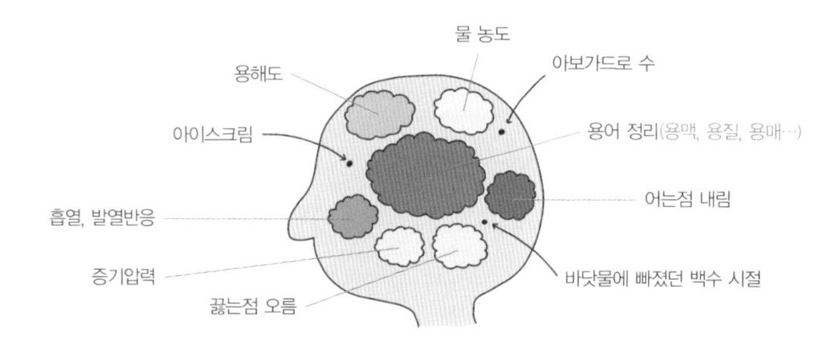

| 용액에 대한 어느 화학자의 뇌구조 |

그리고 가끔 용액이 아닌 것을 용액으로 착각해 헷갈리기도 합니다. 예를 들어 우유에는 단백질이나 지방 같은 물질이 많은 양의 물에 섞여 있습니다. 거름종이로 걸러보아도 남는 것이 없고, 앙금 같은 것도 없습니다.

우유는 투명하지 않습니다. 우유는 분명 액체입니다.

우유는 용액일까요?

우유는 '콜로이드 용액'입니다. 콜로이드가 들어 있는 액체라는 뜻이지요.

콜로이드란 그리스어인 Kolla(아교)에서 유래된 용어로 0.1~1000마이크로미터(㎛) 범위의 입자로 이루어진 물질이 다른 물질 속에 분산되어 있는 것을 말합니다. 일종의 혼합물이라고 할까요?

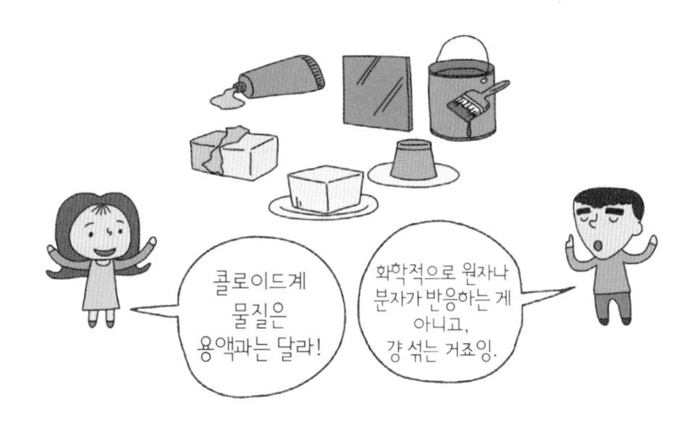

젤라틴, 두부, 플라스틱, 색유리, 마요네즈, 푸딩, 페인트 등 상태가 애매모호해서 물리적, 화학적으로 딱 부러지게 분리하기 어려운 물

질을 정의하기 위해 도입한 개념이지요. 콜로이드 중 액체와 액체가 섞였을 땐 에멀션(마요네즈, 우유, 버터 등)이라고 하는데, 용액과는 완전히 다른 상태의 물질로 보면 됩니다.

용액은 화학작용이 많이 일어나는 물질입니다.

끓고, 얼고, 발효되고, 소화되고, 환원되고, 세척되고, 희석되고….

그러니 헷갈리지 않게 정확히 알아두면 가끔 똑똑하다는 소리를 듣기에 딱 좋습니다.

참, 과일주스는 불투명하고 과일 냄새가 나도 용액이니까 고민하지 마시고 드세요.

과일을 갈아 넣지만 않았다면 말이죠.

16 금속계의 화성인, 알칼리금속

"화성에는 생명체가 있다. 이 생명체들은 물 부족을 해소하기 위해 운하를 만들었다. 화성인들은 지구인보다 몸집이 3배 정도 크다."

우주 탐사가 본격적으로 시작되기 전 천문학자 로웰(Lowell, 1855~1916)이 주장한 내용입니다. 애리조나에 있는 사막 한가운데에 로웰 천문대를 세우고 화성 탐사에 열정을 쏟았던 그는 어쩌면 지구인과는 다른 어떤 생명체를 동경했는지도 모릅니다. 그리고 그의 주장 대부분이 진실이 아니라는 걸 알게 된 지금도 이러한 동경은 이어지고 있습니다.

무언가 다르다는 것, 기준과 상식에서 벗어나 이질적인 성질을 가지고 있다는 것…. 우리는 그런 것들에 배타와 동경을 동시에 가지고 있습니다. 요즘은 그런 사람을 '화성인' 으로 지칭하기도 하지요.

지금까지 발견된 원소들의 대부분은 주기율이라는 커다란 틀에 맞춰 특성과 성질에 규칙성이 있습니다. 그런데 어떤 원소들은 이러한 틀에서 벗어나 독특한 성질을 나타내기도 합니다. 이른바, 원소계의 화성인들인 셈이지요.

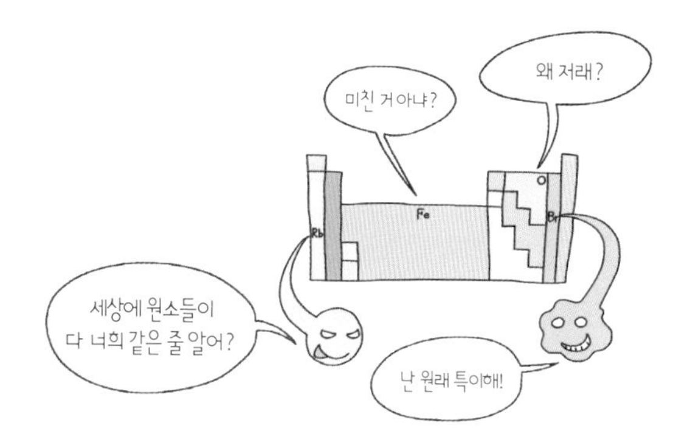

주기율표에서 원소들의 특성을 살펴 크게 금속과 비금속으로 나눌 수 있습니다. 대략적으로 그 경계는 왼쪽 상단에서 오른쪽 하단으로 계단처럼 형성이 되는데, 왼쪽에는 금속, 오른쪽에는 비금속원소들이 자리합니다.

금속은 전자를 쉽게 포기하거나 공유하는 일련의 특성 때문에 밀도가 높고, 전기가 잘 통하며, 광택이 나고, 모양을 바꾸기 쉽다거나 잘 늘어나고, 녹는점과 끓는점이 높으면서도 비금속에 대해 반응성이 높습니다.

| 금속의 특징 |

하지만 금속 중에서도 다른 금속에 비해 독특한 성질을 가진 것들이 있습니다.

바로 금속들 사이에서 화성인처럼 같은 듯 다른 모습을 띠는 알칼리금속들인데요, 이 금속들은 1족에 속하는 원소들로 리튬(Li), 나트륨(Na), 칼륨(K), 루비듐(Rb) 등이 대표적입니다. 이것들을 알칼리금속으로 부르는 것은 물에 녹으면 알칼리성을 나타내기 때문입니다.

알칼리금속들은 다른 금속에 비해 화학적으로 반응을 잘 하는데, 이것은 전자를 쉽게 내어주고 양이온이 되기 때문입니다. 그래서 상온에서 물을 만나게 되면 격렬한 반응과 함께 수소 기체를 발생시키고, 수용액은 알칼리(염기성)를 띠게 되는 거지요.

하지만 이런 실험을 하겠다고 나트륨이나 칼륨을 욕조에 넣는 것은 금물입니다. 워낙 반응성이 커서 집을 날려버릴 수도 있으니까요.

이 알칼리금속의 공통점은 매우 가볍다는 것입니다. 밀도가 매우 낮아서 금속이지만 물에 뜨기도 합니다.

또 매우 무르기 때문에 칼로 쉽게 잘라지며, 은백색 광택이 나지만 워낙 반응을 잘해 공기 중에 두면 쉽게 산화되어 광택을 잃어버립니다. 그래서 알칼리금속을 보관할 때는 벤젠이나 석유 속에 넣어 공기와의 접촉을 막아줘야 합니다.

알칼리금속의 혼합물은 색깔을 띠지 않는 공통점을 가지고 있기도 합니다. 그러나 불꽃반응을 시키면 반응색이 다르게 나타나는데요, 리튬은 빨간색, 나트륨은 노란색, 칼륨

| 알칼리금속의 특징 |

은 보라색, 세슘은 파란색을 띠지요.

알칼리금속은 물과 공기와의 반응성이 크기 때문에 자연계에는 거의 화합물의 형태로 존재합니다.

그런데 이렇게 격렬한 반응성은 산업적으로 매우 쓸모가 있습니다. 나트륨은 공기 중에서 이산화탄소나 물을 흡수하거나 비누의 원료가 되는 수산화나트륨이 되기도 하고요, 제산제나 청량음료의 원료인 탄산수소나트륨이 되기도 합니다.

| 나트륨 화합물의 이용 |

지구상에 7번째로 많은 원소지만 나트륨에 비해 금속 자체로는 상업적 가치가 떨어지는 칼륨은 공기정화제로 쓰이는 산화칼륨(K_2O)을 만들 때 사용합니다.

습한 공기에서는 저절로 불이 붙을 정도로 반응성이 큰 루비듐과 세슘은 원자시계를 만드는 데 쓰이는데, 특히 세슘은 1초에 9,192,631,770

번 진동해 30만 년에 1초의 오차를 보일 만큼 정확하지요.

알칼리금속 중에서 산업적 가치가 가장 높은 원소는 리튬입니다.

리튬은 전지를 만드는 데 많이 쓰이는 물질로 높은 전압을 낼 수 있어, 가정은 물론 산업현장에서 중요하게 쓰이고 있습니다.

우리가 충전지로 사용하는 것은 리튬 이온 전지로 처음 나왔을 때 '가전제품의 역사를 바꾼다' 고 했을 정도로 효율이 높지요.

리튬 이온 전지는 +극은 탄소, −극은 리튬 코발트, 또는 리튬 폴리머를 사용합니다.

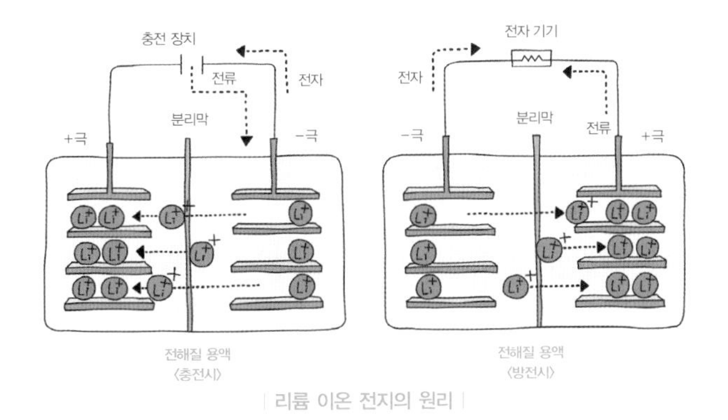

| 리튬 이온 전지의 원리 |

리튬 이온 전지는 고체 원소 중에서 가장 가벼운 리튬을 사용하기 때문에 매우 가볍고, 높은 전압을 낼 수 있긴 하지만 물이나 외부충격에 약해 폭발할 위험이 있지요.

이러한 단점을 보완하기 위해 전해질을 젤 상태나 고체 상태인 폴리머(중합체)를 넣어 전지의 케이스가 깨지더라도 발화하거나 폭발하지 않도록 만든 것이 리튬 폴리머 전지입니다. 안전을 위해 외장을 두껍게 만들지 않아도 되므로 가볍고 작게 만들 수 있어 요즘에는 가전제품에서 전기 자동차에 이르기까지 다양하게 쓰이고 있지요.

리튬은 초기에는 리튬을 포함하고 있는 광물에서 추출했어요. 그런데 광물에는 리튬이 너무 적게 포함되어 있고, 추출 방법도 매우 복잡해 내륙의 염도가 높은 바다호수(염호)에서 추출하는 방법을 많이 쓰고 있어요.

최근에는 바닷물에 녹아 있는 리튬을 추출하는 기술이 개발되어 상용화를 앞두고 있는데, 가장 효율이 높은 기술을 우리나라 기술진이 확보해 큰 화제가 되기도 했습니다. 이 기술은 바닷물 1ℓ에 약 0.17mg 정도 녹아 있는 리튬을 흡착제를 이용해 추출해내는 것이라고 합니다.

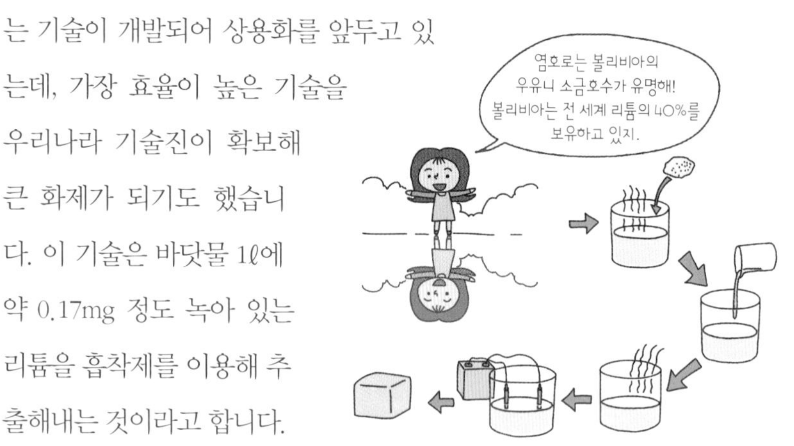

한편, 1개의 양성자와 2개의 중성자를 가지고 있어 원자량이 3인 수소의 동위원소를 '삼중수소'라고 하는데요, 이 삼중수소는 리튬과 중성자 사이의 핵반응으로 만들어집니다.

이 삼중수소는 수소폭탄의 원료가 되는 물질입니다.

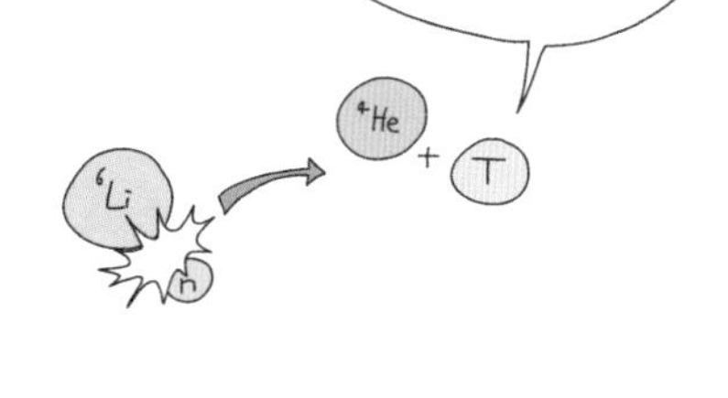

제2차 세계대전 이후 냉전이 지속되던 시절, 리튬은 이러한 이유로 미국의 중요한 비축 자원이었고 세계적으로 유통이 통제되었던 원소이지요.

리튬에 대한 또 다른 이야기도 있습니다. 1949년 오스트레일리아의 심리학자 케이드(Cade, 1912~1980)는 기니피그에게 리튬을 주사해보았습니다. 그러자 기니피그는 외부 자극에 덜 민감해하면서 피곤함을 덜 느끼는 것이었습니다. 그 후, 리튬은 조울증을 치료하는 의약품으로도 쓰이게 되었어요. 인류를 공포와 불안으로 몰았던 물질이, 인류의 우울을 달래주는 참으로 아이러니한 물질이 된 거지요.

리튬을 비롯한 알칼리금속들은 분명 금속들이 갖는 보편적인 특성과는 다른 면모를 가지고 있습니다. 하지만 그런 다름이 오히려 이 원소들을 다시 한 번 돌아보게 되는 계기가 되었고, 다양하고 가치 있는 쓰임의 길을 찾게 해주었습니다.

우리의 주변에도 그런 친구들이 있습니다. 화성인들 말입니다.

보편적인 기준은 지켜져야 하지만 그것이 사람 사이의 벽이 되면 다름은 곧바로 배척의 이유로 돌변합니다. 다름 속에서 더 큰 장점을 얻을 기회를 잃게 되는 거지요.

알칼리금속을 살펴보면서 화성인을 품는 법, 다름을 인정하는 법을 생각하게 되는 건 바로 그런 이유에서입니다.

17 욕심쟁이 비금속, 할로젠 원소

이성 친구를 사귀다 보면 가끔은 잘 짜여진 육성 프로그램의 캐릭터를 키우고 있는 게 아닌가 하는 생각을 하곤 합니다.

이 캐릭터는 복잡한 것 같지만 기본 알고리즘은 단순합니다. 해달라는 대로 다 해주거나, 해달라고 할 법한 것들은 미리 알아서 해주

는 무조건적이면서 성실한 헌신성만 보여주면 되니까요.

물론 우리는 누구나 조금은 이기적이어서 '욱' 하고 치미는 짜증과 '나는 재한테 도대체 뭐야?' 하는 존재론적 의문이 들기도 합니다.

놀라운 건 게임 속 캐릭터는 진화를 해서 다음 스테이지로 넘어가건만 현실의 캐릭터는 '스코어' 도, '미션 클리어' 도 없이 무한 반복이라는 거지요.

주기율표에도 그런 원소들이 있습니다. 바로 할로젠 원소들이지요.

할로젠은 독일어인 'Halogen' 에서 온 것으로 '염을 만드는 것' 이라는 뜻인데요, 주기율표에서는 17족에 속한 플루오린(F), 염소(Cl), 브로민(Br), 아이오딘(I) 등이 이에 해당됩니다.

주기율표에서 17족이라는 것은 비금속의 범위에 든다는 말입니다. 비금속의 성질을 요약하자면 크게 다음과 같습니다.

- 상온에서는 대체로 액체 또는 기체이며 고체인 경우 잘 부스러짐
- 광택이 없고 탁하며 흐릿한 색을 띰
- 전기음성도가 대체적으로 큼
- 금속과의 반응성이 높음(18족 비활성 기체들은 예외)

그런데 할로젠 원소들은 이런 비금속들과는 조금 다른 특징이 있습니다.

플루오린는 담황색, 염소는 황록색, 브로민은 적갈색, 아이오딘은 어두운 보라색으로 다른 금속에 비해 비주얼이 화려하죠.

상온에서의 상태도 플루오린, 염소는 기체, 브로민은 액체, 아이오딘은 고체인데, 브로민과 아이오딘은 상태가 언제나 정해져 있으므로 다른 비금속들과 쉽게 구분 할 수 있습니다.

다른 특징은 전기음성도가 높다는 것입니다.

화합물은 원자가 전자를 주고받거나 공유함으로써 결합을 하는데, 보통 금속원소들은 전자를 내주는 쪽이고, 비금속 원소들은 전자를 받아들입니다. 이때 상대 원자의 전자쌍을 끌어당기는 힘의 크기를 '전기음성도'라고 합니다.

1932년 미국의 화학자 폴링(Pauling, 1901~1994)은 이 개념을 정리하면서 원소들의 전기음성도를 값으로 정했는데, 이때 기준이 된 것이 바로 할로겐 원소의 하나인 플루오린이였습니다.

왜냐하면 모든 원소들 중에서 전자를 받아들이려는 경향이 제일 큰 것이 할로겐 원소였고, 그중에서도 단연 으뜸은 플루오린이었거든요. 처음 플루오린의 전기음성도를 4.0으로 하여 다른 원소들의 값을 상대적으로 정했으나 나중에 이온화에너지를 포함시켜 계산한 플루오린의 전기음성도는 3.98이었습니다.

할로젠 원소들의 전기음성도가 이렇게 높은 것은 안정화에 대한 열망이 크기 때문입니다. 할로젠 원소들의 최외각전자는 7개로 1개만 더 있으면 8개가 되어 비활성기체처럼 안정된 상태가 될 수 있습니다.

99칸 부자가 100칸을 채우기 위해 1칸에 더 욕심을 내는 것과 같다고 할까요?

한편, 최외각전자 1개가 남아서 고민인 원소들도 있습니다.

알칼리금속이 그 원소들인데요, 전자를 내어주다못해 갖다버릴 정도로 기회만 있으면 최외각전자를 털어버리려고 합니다. 이러한 이해관계가 딱 맞아떨어져서 할로젠 원소들은 알칼리금속 원소들을 만나면 쉽게 결합을 합니다.

이렇게 만들어진 화합물 중 대표적인 것이 염화나트륨, 즉 소금입니다. 할로겐이 '염을 만드는 것'이라는 데에서도 알 수 있듯이 바닷물에 녹아 있는 많은 염들이 염화나트륨처럼 할로겐 원소와 금속원소의 화합물이거든요.

할로겐 원소들은 수소와도 잘 반응합니다.

수소와 반응한 할로겐 물질을 '할로겐화수소(HX)'라고 하는데, 이들은 모두 산성을 띠며 상온에서는 무색입니다.

할로겐화수소 물질들의 산성이 얼마나 강한지는 염산(HCl)을 생각하면 됩니다. 염산은 금속을 부식시킬 정도로 산성이 강해 기원전 800년경부터 연금술사들이 단골로 사용하던 물질이었지요.

할로젠 화합물들은 이렇게 강한 개성을 나타냅니다. 할로젠 원소들은 단독으로 있을 때에도 치명적인 매력을 드러냅니다. 플루오린은 우리가 '불소'라고 부르는 원소인데, 반응성이 워낙 커서 거의 모든 원소와 반응하지요. 심지어는 비활성기체 중에서도 가장 안정적이라는 크세논이나 크립톤과도 반응한답니다.

플루오린이라고 하면 모르겠지만, '불소'라고 하면 제일 먼저 떠오르는 게 치약입니다. 플루오린은 수소와 결합하면 유리도 녹일 정도로 강한 산성을 띠기 때문에 인체에는 독극물이나 다름 없습니다. 그런데 0.5ppm 정도로 농도를 낮게 하면 충치를 일으키는 효소를 없애는 효과를 내게 되지요.

또 이런 플루오린을 지속적으로 사용하면 치아에 막(불화막)이 생겨 충치 발생율을 40~60% 정도 낮춰준다고 합니다.

치과에 가면 충치 예방법으로 플루오린을 이에 발라 얇은 막을 형성시켜줍니다. 이것이 어린아이들에게 많이 하는 '불소 도포' 시술이지요.

그런데 굳이 치과에 가지 않아도 우리는 매일 공짜로 불소 시술을 받습니다.

우리나라에서는 수돗물에 불소 처리를 하거든요.

물론 일본에서는 효과를 자신할 수 없어 중단했고, 스웨덴을 비롯한 북유럽 국가들은 돌연변이나 암을 유발할 수 있다고 해서 반대하고 있지만요.

아무튼 실제 효과가 어떨지는 모르지만 수돗물의 불소화 처리는 공공서비스치고는 메가톤급이라고 할 수 있을 것 같습니다.

유독성으로 따지면 플루오린보다 염소가 한 수 위입니다.

염소는 끓는점이 −34℃이기 때문에 쉽게 기체가 되는데, 이 기체를 마시면 고약한 냄새에 적응하기도 전에 폐를 손상시켜 질식에 이를 수도 있습니다.

공기보다 무거워 지면에 깔리면서 1ℓ의 공기에 25mg(0.085%)만 있어도 수분 내에 사람을 죽음에 이르게 하기 때문에 제1차 세계대전 때는 공식적인 화학전에 최초로 사용된 독가스이기도 합니다.

그러나 독을 다스리는 지혜만 있다면 염소는 인류의 생활에 큰 도움을 주는 원소이기도 합니다. 표백제, 소독제, 살균제, 염색, 제지, 섬유, 무기 제조, 의약품 등 가정의 화장실부터 수영장, 병원, 정유공장까지 쓰이지 않는 곳이 없을 정도니까요.

브로민은 할로겐 원소 중 상온에서 액체 상태로 존재하는 단 하나의 원소입니다. 부식성이 강하고 피부에는 화상을 줄 수 있지만 깨끗한 물에 섞으면 소독제로 쓰일 수도 있고, 다른 브로민 화합물은 진정제나 마취제로도 쓰이지요.

또 브로민 화합물 중에 브로민화은은 빛에 민감해 인화지, 필름, 사진 원판을 만들 때 쓰이기도 합니다.

아이오딘은 상온에서는 고체로 있다가 가열하면 직접 기체로 변해 버립니다. 그래서 액체 상태는 볼 수가 없지요.

아이오딘은 생물들이 살아가는 데 꼭 필요한데, 사람의 경우 갑상선에서 티톡신이라는 물질을 만드는 원료가 됩니다. 티톡신은 신체와 정신의 성장 속도를 조절하는 호르몬이지요.

그래서 아이오딘이 부족하면 성장이 느려질 수도 있습니다. 아이오딘은 인체에서 만들어지지 않기 때문에 반드시 음식물로 섭취해야만 합니다. 또한 아이오딘은 살균작용을 하기 때문에 소독약으로도 많이 쓰였는데요, 예전에 '빨간약'으로 통칭되던 요오드팅크가 바로 아이오딘에 알코올을 섞은 소독약이었습니다.

이렇게 할로젠 원소들은 하나하나가 뚜렷한 개성을 가지고 있으면서 때로는 치명적인 독으로, 때로는 생명을 살리는 약으로 쓰이는 양면성을 가지고 있습니다.

거기다 줄 줄은 모르고 받기만 하는 욕심쟁이여서 알칼리금속과는 정반대의 성질을 보이기도 합니다. 그래서 보통은 알칼리금속을 남성(+), 할로젠 원소를 여성(-)으로 비유하기도 하는데요, 아마도 그건 정반대인 성격의 남녀가 만나도 운명처럼 살아내는 우리들의 모습이 비춰지기 때문일 겁니다.

18 이야기가 있는 원소, 소중한 희토류

한 사람을 만나서 사랑하다 보면 많은 이야기가 쌓이게 됩니다. 우리가 어떻게 만나게 되었을까에 대해 생각하는 것도 그 때문이겠지요.

첫눈에 반했을 수도 있고, 오래 만나다 보니 정이 쌓였을 수도 있고, 이도저도 아닌데 어느 날 눈을 떠보니 그녀나 그가 옆에 있을 수도 있습니다.

그러나 사랑은 그 이야기만으로 지속되지 않습니다.

사랑을 변함없이 유지시키는 힘은 날마다 새롭게 쓰여지는 이야기에 있기 때문입니다.

세상도 변하고, 사람도 변하고, 가치까지 바뀌는데 마음만 그 자리를 지키고 있을 수는 없으니까요.

지금 당장 그녀나 그를 만나서 만들어낼 이야기가 있다면 사랑은 계속되고 있다는 증거입니다. 그 이야기가 기쁘든 슬프든 말이죠.

'희토류'는 자연계에 존재하는 92개의 원소 중에서 최근 들어 인간과 가장 많은 이야기를 만들고 있는 원소들입니다. 희토류란 사전적인 정의로 '지각에 극히 적은 양만이 함유된 금속을 뜻하는 희유금속의 일종으로 스칸듐, 이트륨과 란탄 계열 15개 원소'를 통틀어 이르는 말입니다.

희토류란 말은 'Rare Earth(희귀한 흙, 또는 금속)'이라는 영어 표현을 일본에서 직역한 것을 그대로 사용하면서 나왔습니다.

주기율표에서 희토류를 찾아보면 원자번호 21(Sc), 39(Y), 57(La)이 보이고, 58~71까지 란탄 계열이라 하여 따로 분리해놓은 것을 알 수 있습니다. 주기율표는 원소를 양성자의 수에 따라 매겨진 원자번호와 최외각전자 수에 따라 달라지는 원소의 성질을 하나의 규칙성으로 하여 만든 체계입니다.

따라서 란탄 계열의 원소들이 따로 분리되어 있는 데에는 그럴 만한 사정이 있는 것이지요.

원자의 세계에서도 전자는 아주 작습니다. 원자의 지름이 축구장만 하다면 원자핵은 완두콩보다 작고 나머지는 거의 빈 공간인데 전자들은 그 공간 어딘가에 있습니다.

그런데 전자는 일정한 질량을 갖는 입자이면서 빛과 같은 파장도 가지고 있습니다. 거기다 끊임없이 움직이기 때문에 언제 어디에 나타날지 알 수가 없습니다.

이런 전자에 위치추적기를 달고 오래오래 모니터링을 해도 전자의 위치가 구름처럼 나타나기에 정확하게 어디에 있는지 알 수는 없습니다.

| 오비탈의 종류 |

한편, 전자는 특정한 값의 에너지만 갖기 때문에 일정한 값의 궤도를 갖게 되는데 이것을 '에너지 준위'라고 합니다.

덴마크의 물리학자 보어는 이 전자의 에너지 준위를 태양 주위를 도는 행성 궤도로 나타냈으나, 현대에 와서는 전자가 파동의 특성을 가지고 있어 궤도로 표현하기엔 무리가 있다는 데 동의하고 오비탈(Orbital)이라는 개념을 도입했습니다.

그리고 내린 결론은 다음과 같습니다.

- 오비탈은 각 에너지 준위 내에서 전자를 발견할 확률 범위를 나타낸다.
- 1개의 오비탈은 2개의 전자를 가질 수 있다.
- 오비탈은 몇 가지 종류가 있으며, s, p, d, f로 부른다.

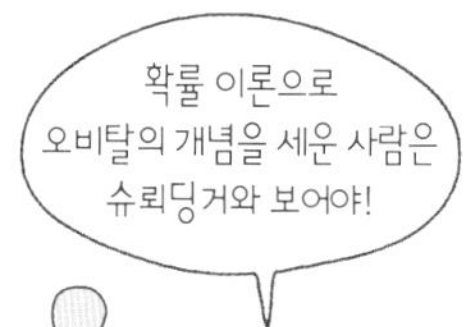

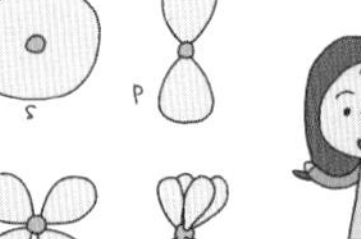

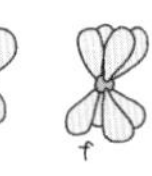

※ 슈뢰딩거(Erwin Schrodinger, 1887~1961), 오스트리아의 이론 물리학자.

그렇다면 각각의 오비탈에 대해서 좀더 알아볼까요?

- 각각의 에너지 준위를 전자껍질이라 한다면 1번째 껍질에는 공 모양의 S오비탈만 있다.
- 전자는 2개를 가진다.

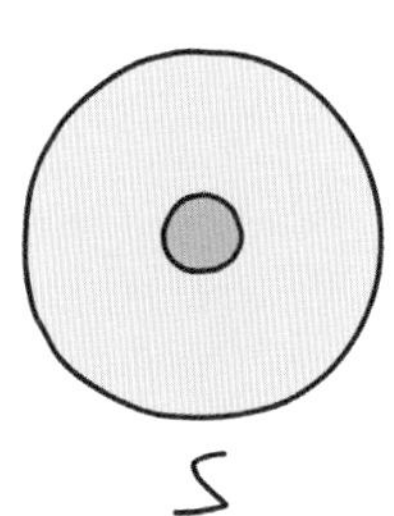

- 2번째 껍질에는 S오비탈 1개, p오비탈 3개가 있고 8개의 전자를 가질 수 있다.

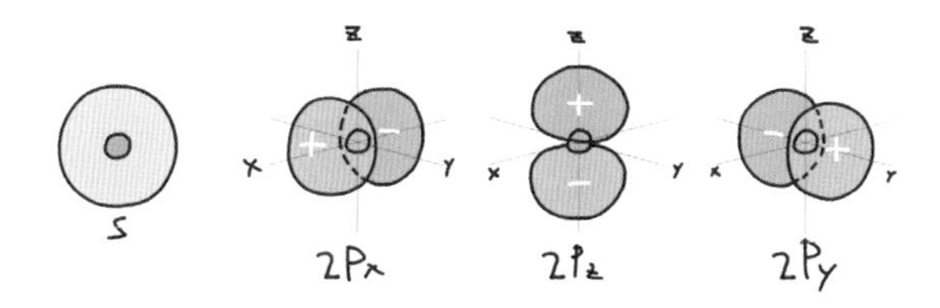

- 3번째 껍질에는 S오비탈 1개, p오비탈 3개, d오비탈 5개가 있고 18개의 전자를 가질 수 있다.

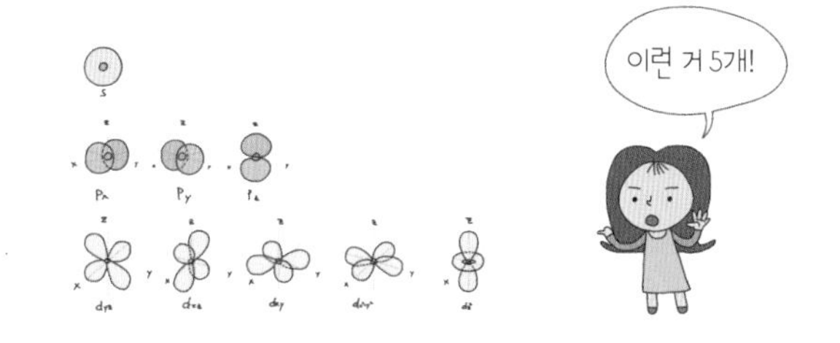

- 4번째 껍질에는 S오비탈 1개, p오비탈 3개, d오비탈 5개, f오비탈 7개가 있으며, 32개의 전자를 가질 수 있다.

- 5번째, 6번째, 7번째는 4번째와 같으며, 보통 큰 원자들도 최대 7개의 전자껍질을 갖는다.

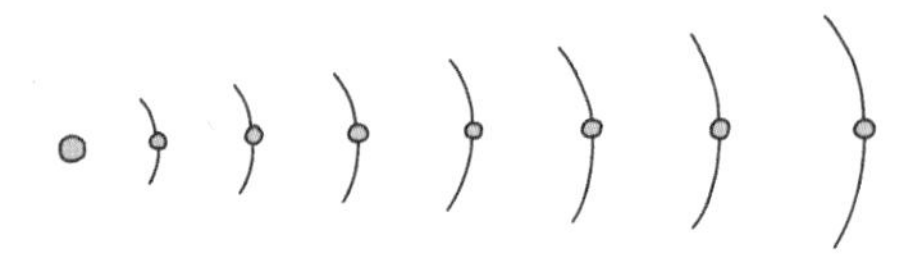

- 오비탈은 전자껍질을 순서대로 채워가는 것이 아니라, 에너지가 낮은 쪽에서 높은 순으로 채워나간다.

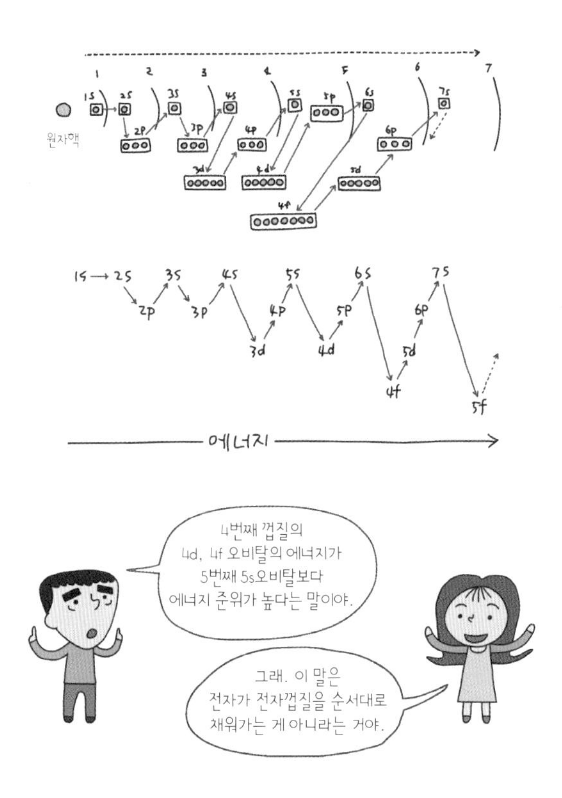

※ 오비탈 기호 앞의 숫자는 전자껍질의 순서를 나타냄. 예) 2s는 두 번째 껍질의 s오비탈

오비탈 개념을 토대로 몇 개의 원소를 원자모형으로 그려볼까요?

수소의 경우 1개의 전자를 가지고 있으며, 이 전자는 첫 번째 껍질의 S오비탈에 자리잡게 되므로, '$1S^1$'이라고 전자의 배치를 표기합니다.

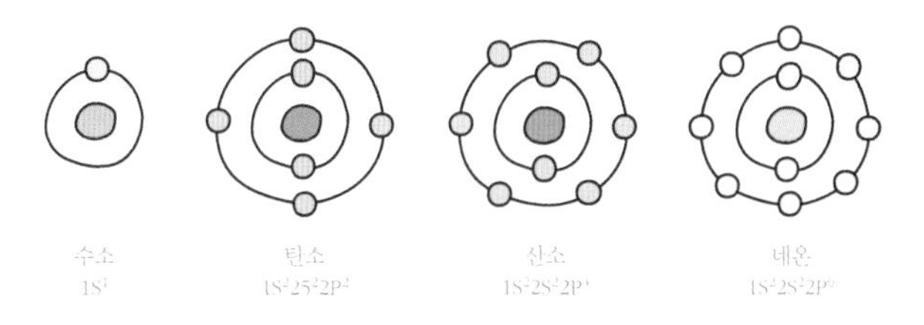

이때 네온의 경우에는 원자번호가 10번이고, 10개의 전자를 가지고 있는데, 첫 번째 껍질에 2개, 2번째 껍질에 8개의 전자를 채움으로써 각각의 껍질이 가질 수 있는 전자 수를 전부 채우게 됩니다.

그래서 11번 원소부터는 '2번째 껍질까지는 네온과 같다'는 의미로 3번째 껍질의 전자 배치 앞에 'Ne'를 붙이고, 그 뒤에 3번째 껍질의 전자 배치를 쓸 수 있습니다.

예를 들어, 나트륨은 [Ne]$3S^1$'으로, 염소는 '[Ne]$3S^2$ $3p^5$'로 적을 수 있지요.

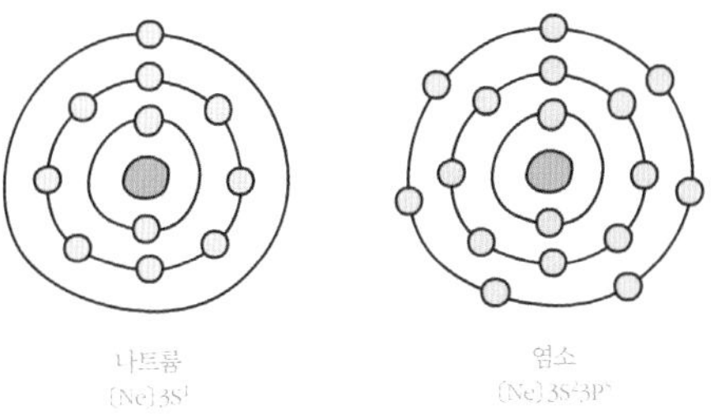

이렇게 원소에 따라 전자의 배치를 확인하다 보면 가장 바깥쪽에

있는 전자가 규칙적으로 변하는 걸 알 수 있는데, 이것이 원소들에게 주기성을 나타내도록 하는 것입니다.

최외각전자, 즉 원자의 가장 바깥쪽에 있는 껍질이 몇 개의 전자를 갖느냐에 따라 원소의 성질이 결정되는 거지요.

그런데 '최외각전자는 8개가 되었을 때 가장 안정적이어서, 원자는 맨 바깥쪽 전자껍질에 8개 이상의 전자를 채우려 하지 않는다'는 옥텟규칙에 따라 원소들의 주기성은 8을 기준으로 나타납니다.

최외각전자	1	2	3	4	5	6	7	8
원소	H							He
	Li	Be	B	C	N	O	F	Ne
	Na	Mg	Al	Si	P	S	Cl	Ar
	K	Ca	Ga	Ge	As	Se	Br	Kr
	Rb	Sr	In	Sn	Sb	Te	I	Xe

한편 이 원소들을 원자번호 순으로 적어보면 중간중간 번호가 빠지게 됩니다.

원자의 전자가 오비탈에 배치될 때 전자껍질을 차례로 채워나가는 것이 아니라 오비탈의 에너지 준위에 따라 채워지기 때문이지요.

1	2	3	4	5	6	7	8
1							2
3	4	5	6	7	8	9	10
11	12	13	14	15	16	17	18
19	20	31	32	33	34	35	36
37	38	49	50	51	52	53	54
55	56	81	82	83	84	85	86
87	88						

| 8쪽 주기표 |

21~30번 원소들의 경우, 전자가 4S오비탈을 채우고 4p오비탈로 가는 것이 아니라, 3d오비탈의 빈 곳을 채우기 때문에 전자가 늘어나도 최외각전자는 늘어나지 않는 것이지요.

이런 현상은 전자껍질이 늘어나도 마찬가지로 나타납니다.

우리가 많이 보게 되는 18족 주기율표는 이 루프를 펼쳐놓은 것인데, 루프에 들어 있지 않은 원소를 '전형원소', 첫 번째 루프에 들어 있는 원소를 전이원소, 2번째 루프에 들어 있는 원소를 '란탄 계열'과 '악티늄 계열'의 원소라고 부르지요.

'란탄 계열'의 원소들이 주기율표에서 따로 떨어져나와 있는 것은 표 안에 넣을 경우 너무 복잡하기 때문입니다.

란탄 계열의 원소들은 4f오비탈에 전자를 채우는 원소들로 14개이고, 란탄을 포함하면 15개가 되지요.

란탄 계열을 포함한 희토류 금속들은 대개 은백색이나 회색을 띠며 화학적으로 안정적이며 열을 잘 전달하는 특징이 있어요.

우리가 일상생활에서 란탄을 만날 수 있는 대표적인 예가 라이터입니다.

라이터에 들어가는 라이터 돌은 란탄과 세륨에 철, 주석, 마그네슘 등을 섞어 만든 합금입니다. 특히 세륨은 건조한 산소 속에서 320℃ 정도면 연소하기 때문에 연료에 쉽게 불을 붙일 수 있지요.

또 이 란탄과 세륨의 합금을 포탄에 넣으면 공기와 마찰하면서 빛을 내기 때문에 야광탄을 만드는 데에도 사용되어 왔습니다.

희토류라고는 하지만 몇몇 원소들은 오래전부터 생활 속에서 쉽게 접할 수 있었고, 매장량이 적기만 한 것은 아니었습니다. 세륨의 경우 매장량은 납과 비슷합니다. 그런데 산업이 발달하고 첨단 기기들이 등장하면서 희토류의 가치와 쓰임이 높아지기 시작했지요.

그중에서 희토류가 많이 쓰이는 것이 자석인데요, 네오디뮴 자석과 사마륨 자석에 특히 많이 쓰입니다.

네오디뮴 자석은 현재 쓰이고 있는 영구 자석의 재료 중에서 자성을 유지하는 능력이 매우 높고, 사마륨 자석은 열에 견디는 힘이 강해 안정성이 뛰어나지요. 이런 종류의 자석들은 전자기기, 첨단 산업에 주요 부품으로 쓰입니다.

문제는 쓰이는 곳은 많은데 원료를 구하기는 점점 힘들어지고 있다는 것입니다. 사마륨 같은 경우 희토류 광물 중에서도 0.5~3%밖에 존재하지 않아 가격이 점점 높아지고 있는 실정이지요.

희토류는 자석 외에도 반도체, 2차전지, 광학유리, 금속 촉매제, 첨가제 등 근래 들어 쓰이지 않는 곳이 없을 정도입니다.

이런 희토류가 근래 만들어낸 이야기 중 많은 사람들에게 관심을 불러온 것이 있습니다. 바로 '희토류 전쟁'이지요.

2010년 일본은 센카쿠 열도에 대한 영유권을 주장하며 중국 어선을 나포했는데요, 중국이 이에 대한 카드로 '희토류 수출 중단'을 꺼내들었습니다. 영토 문제에 있어서만큼은 양보가 없다던 일본도 여기엔 버티지 못하고 백기를 들고 말았습니다.

현재 희토류 생산의 97%를 중국이 쥐고 있기 때문이지요.

세계 자원 전쟁의 중심에 선 희토류!

원소로 보면 자연계를 구성하는 하나의 물질에 불과하지만 사람의 손에 닿으면 수많은 이야기가 된다는 걸 보여주는 대표적인 예입니다.

우리가 하루하루 만들어가는 그 이야기들처럼 말입니다.

19 산과 염기, 자연의 또 다른 얼굴

"그대가 연 파티는 그리 대단한 것 같지 않군요."

고대 로마의 권력자 안토니우스는 클레오파트라가 연 파티에 참석해 이렇게 말합니다. 이 말을 들은 클레오파트라는 자신의 호화스런 파티에 대해 시큰둥한 안토니우스 앞에서 대담한 쇼를 펼칩니다.

"술잔에 식초를 담아 오너라!"

클레오파트라는 시녀가 가져온 식초에 귀에 걸고 있던 진주귀걸이를 던져 넣습니다.

그러고는 진주가 녹은 술잔을 단숨에 들이키지요.

잠시 의아한 눈으로 클레오파트라를 바라보던 안토니우스가 고개를 끄덕입니다.

"진주를 마시는 파티라…. 그야말로 내 인생의 가장 호사스런 초대로군요."

그 뒤 안토니우스는 클레오파트라를 마음에 품게 되고 드라마를 방불케하는 세기의 사랑을 하게 됩니다.

서양에서는 사랑의 표시로 식초나 양주에 진주가루를 타서 마시는 경우가 있는데요. 이런 풍습의 유래가 된 것이 이 클레오파트라의 이야기입니다.

진주를 식초에 넣으면 녹는다는 사실을 클레오파트라는 알고 있었습니다. 그러나 5~6%의 수분과 적은 양의 단백질을 제외하면 진주의 대부분은 탄산칼슘으로 이루어져 있고, 이 탄산칼슘이 산성 물질과 반응해 탄산수소칼슘과 물을 만드는 것이라는 화학적 식견은 없었겠지요.

클레오파트라뿐만이 아니라 생선에 레몬즙을 뿌리면 비린내가 없어진다는 것을 이용해 요리를 하는 요리사도, 잿물로 빨래를 하면 때가 잘 빠지는 것을 이용해 빨래를 하던 시녀들도 마찬가지였을 겁니다. 그런 사실 뒤에 산성과 염기성의 비밀이 숨겨져 있음을 말이지요.

사람들은 그렇게 현상은 있으되 이유를 알 수 없는 상태로 산성과 염기성을 지켜만 봅니다. 그러던 어느 날, 영국의 화학자 보일은 황산염을 가지고 실험을 하다가 황산 증기를 쐰 바이올렛 꽃을 씻기 위해 물에 담가두었습니다. 그런데 얼마 뒤 바이올렛 꽃을 본 보일은 깜짝 놀라고 맙니다. 바이올렛 꽃잎이 빨갛게 변해버렸기 때문이지요.

보일은 그것이 산성인 황산 때문임을 깨닫고, 바이올렛 꽃에 다른 산성 용액을 떨어뜨려보았습니다. 그러자 바이올렛 꽃은 모두 빨갛게 변했습니다.

"이건 대단한 발견이야. 이제부터는 어떤 용액이 산인지 아닌지 알 수 있게 됐어."

보일은 이후 리트머스 이끼, 쟈스민, 튤립 등의 식물에서 추출액을 만들어 산성 물질을 가려내는 지시약을 만들었어요. 이때 리트머스 이끼에서 얻은 추출액으로 만드는 리트머스 시험지는 오늘날에도 널리 쓰이고 있지요.

그런데 보일 역시 현상을 알아냈을 뿐 이유를 밝힌 것은 아니었어요.

우리 주위에는 수많은 물질들이 있습니다. 오랫동안 이 물질을 살펴본 과학자들은 물질들이 공통된 특징을 가진 2개의 그룹으로 나눌 수 있다는 것을 알아냈습니다.

그리고 서로 다른 물질임에도 불구하고 공통된 성질을 나타내는 이 물질들을 산과 염기라고 부르기 시작했지요. 문제는 이 물질들이 일으키는 반응들의 비밀을 밝히는 것이었습니다.

그러던 중 19세기 후반 스웨덴의 화학자 아레니우스(Arrhenius, 1859~1927)에 의해 '산'과 '염기'에 대한 화학적 정의가 내려지게 됩니다. '산은 물에 녹아 수소이온(H^+)을 내놓는 것이고, 염기는 수산화이온(OH^-)을 내놓는 물질'이라는 정의가 그것입니다. '아레니우스 정의'는 지금과 산과 염기를 구분하는 기본이 되고 있습니다.

하지만 아레니우스 정의는 근본적인 한계를 가지고 있습니다. 그 핵심은 바로 물입니다. 황산이나 염산은 물에 녹아 있지 않아도 산의 특징을 나타내고, 물이 아닌 톨루엔과 같은 물질에 녹아도 마찬가지 특징을 나타냅니다. 또 암모니아(NH_3) 같은 물질은 수산화이온을 가지고 있지 않지만 물에 녹아 염기성을 띠지요.

1923년 덴마크의 과학자 브뢴스테드(Brönsted, 1874~1936)와 영국의 과학자 로우리(Lowry, 1874~1936)는 이 문제를 해결하기 위해 새로운 정의를 내놓습니다.

그들은 물을 버리고 물질 자체로 산과 염기를 구분했습니다.

산은 수소이온을 내놓는 물질, 염기는 수소이온을 받아들인 물질이라고 했습니다.

이렇게 하면 수산화이온을 가지고 있지 않은 암모니아(NH_3)가 염기성인 이유를 설명할 수 있습니다.

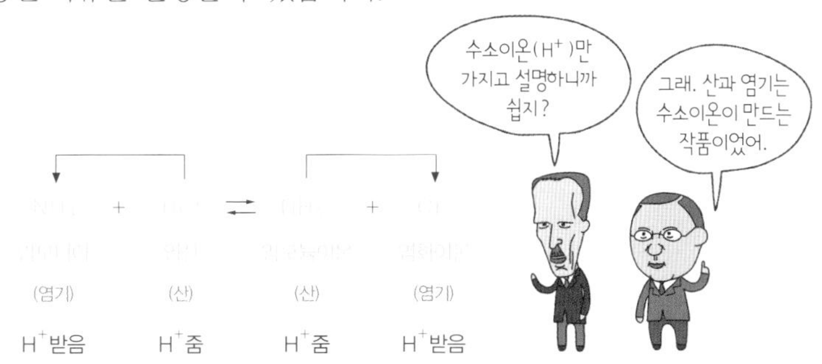

그런데 또 문제가 생깁니다.

산 중에는 삼염화붕소(BCl_3)나 삼플루오린화붕소(BF_3) 같은 물질이 있는데, 이 물질들에는 수소 원소 자체가 없습니다. 그러니 수소이온(H^+)을 주고 싶어도 줄 수가 없지요. 분명히 물질의 특성은 산성을 띠고 있는데 말이죠.

	산	염기
A	H^+ 냄	DH^- 냄
B–L	H^+ 냄	H^+ 받음
L	비공유 전자쌍 받음	비공유 전자쌍 냄

| 산과 염기의 정의 |

그래서 1923년 미국의 화학자 루이스(Lewis, 1875~1946)는 산과 염기

를 수소이온이 아닌 전자쌍으로 대신해 그 기준을 정리합니다.

'산은 비공유 전자쌍을 받고, 염기는 비공유 전자쌍을 내는 물질'이란 거지요.

그러나 루이스의 정의는 비공유 전자쌍으로 산, 염기 물질의 결합을 설명하는 데는 적당하지만 복잡하므로 일반 화학에서는 브뢴스테드·로우리 정의를 많이 사용합니다.

산과 염기를 말할 때 'pH'라는 용어를 많이 씁니다. pH는 산과 염기의 세기를 나타내는 것으로 'power of hydrogen(수소의 세기)'의 약자입니다.

pH의 기준은 물입니다. 물은 항상 스스로 조금씩 이온화하는 성질이 있습니다. 순수한 물일 경우, 25℃에서 수소이온(H^+)과 수산화이온(OH^-)이 1.0×10^{-7} 몰 농도로 평형을 이루고 있습니다.

화학자들은 이 몰 농도의 지수(10^{-7}에서 7)를 로그값으로 하여 pH의 범위를 정의했는데, 그 값는 1~14였어요. 그래서 'pH+pOH'는 항상 '14'가 되지요.

화학자들이 이런 pH를 사용하는 것은 산의 세기를 수치로 나타내기 위해서입니다. 우리 주변의 물질들을 pH값으로 나타내면 산과 염기성 물질을 쉽게 구분할 뿐더러 그 세기까지 알 수 있으니까요.

이렇게 산성을 띠고 있는 물질이라 하더라도 강한 것과 약한 것이 있습니다. 보통 물에 녹아서 수소이온을 내놓는 정도가 크면 강산, 적으면 약산이라고 합니다.

염기도 마찬가지입니다. 물에 녹아서 수산화이온을 내놓는 정도가 크면 강염기, 적으면 약염기로 분류하지요.

브뢴스테드·로우리의 정의에 따르면 강산은 수소이온을 내놓는 정도가 크고, 강염기는 수소이온을 받아들이는 정도가 큰 것이지요.

따라서 산과 염기를 섞으면 물과 함께 처음과는 다른 물질이 만들어지는데요. 이 반응을 '중화반응', 물질을 '염'이라고 합니다.

대표적인 예로 묽은 염산(산)과 수산화나트륨(염기)이 반응하여 염화나트륨과 물을 만드는 것을 들 수 있습니다.

강산과 강염기가 중화반응을 해서 생겨난 물질(염)은 보통 중성을 띠게 되고, 더 이상 산이나 염기로 작용하지 않아요. 하지만 강산과 약염기, 약산과 강염기 등이 만나면 생성된 염이 녹아 있는 용액이 중성을 띠지 않을 수도 있어요.

최근 들어 산성으로 변한 비가 내려 사람은 물론 동식물에게도 해를 끼치고 있습니다. 산성비는 화석연료에서 배출되는 이산화황, 질소산화물 등의 물질이 빗물에 녹아 산성을 띤 채 내리는 것입니다. 이산화황과 질소산화물은 물과 반응해 각각 황산과 질산이 되거든요.

이렇게 산성을 띤 비가 내리면, 대리석이나 석회석을 사용한 건축물은 부식이 일어나고, 토양은 산성을 띠게 되어 농작물이 잘 자라지 않게 되며, 사람의 몸에도 나쁜 영향을 끼치게 됩니다. 강한 산성비

는 pH가 3.0~4.0에 이르기도 하는데, 이것은 하늘에서 식초가 쏟아져 내리는 것과 같지요.

다행히 빗물은 땅에 떨어진 뒤 다른 물질들과 반응해 산성도가 쉽게 변합니다. 보통 '내릴 때는 산성', '받은 비는 염기성', '모은 비

는 중성' 을 띤다고 합니다.

그나마 빗물이 가진 신비한 능력이 우리가 피클이 되는 상황을 막아주는 셈이지요. 어쨌든 계속해서 내리는 산성비로 산성화된 땅에는 탄산칼슘을 뿌려 중화를 시킵니다. 탄산칼슘은 염기성 물질로 중화반응을 통해 땅의 질을 회복시켜주지요.

한편 벌이나 개미에 물렸을 때 암모니아수를 바르면 통증이 가라앉습니다. 개미나 벌의 침은 상당히 강한 산성을 띠는데, 염기성인 암모니아가 이를 중화시켜주기 때문이지요.

또 속이 쓰릴 때 제산제를 먹는데, 이 제산제는 탄산수소나트륨, 수산화마그네슘, 탄산수소칼륨 같은 약한 염기성 물질입니다. 위산의 성분이 강한 산성을 띠는 염산이므로 이 물질들이 위액을 중화시켜 속쓰림을 줄여주는 거지요.

그렇다고 제산제를 많이 먹는 것은 오히려 해가 될 수 있습니다. 위에서 분비되는 산성 물질은 음식물을 소화시키기 위한 것인데, 자꾸 중화를 시키면 소화기능이 떨어지기 때문이지요.

따라서 위는 강한 산성을 유지하는 게 실제로는 정상인 상태입니다.

반대로 우리 몸에는 약한 염기성을 유지해야 하는 것도 있습니다.

바로 혈액입니다. 혈액은 pH가 7.24~7.42 정도를 띨 때 정상이라고 합니다.

현대인의 경우 육류나 인스턴트 음식의 과다 섭취, 스트레스, 환경오염 등 다양한 이유로 혈액의 pH가 이 정상 범위를 벗어나 산성 쪽으로 기울게 되면 흔히 말하는 산성 체질이 됩니다.

산성 체질이 계속되면 혈관 장애나 당뇨병 등의 질환이 올 수도 있고 심한 경우 '아시도시스(acidosis)' 로 불리는 산에 중독된 증세를 앓게 됩니다. 이때는 탄산수소이온(HCO_3^-)을 투여해 혈액을 중화시켜야만 하지요. 중탄산염은 우리가 알고 있는 베이킹 소다로 산성 물질을 중화시켜줍니다.

혈액과는 달리 피부는 약한 산성을 띠고 있습니다. 특히 피부의 가장 바깥층인 각질에는 얇은 막이 있는데, 이 각질막은 pH 4.5~5.5의 약산성을 띠고 있을 때 각종 세균으로부터 우리의 몸을 보호해주는 임무를 충실히 수행할 수 있다고 합니다.

그런데 피부는 약산성인 반면 비누는 약염기성입니다. 세수를 하면서 뽀드득한 느낌이 좋아 비누를 과도하게 사용하는 경우가 있는데요, 이것은 약산성을 유지해야 하는 각질막을 벗겨내는 셈이므로 그리 좋은 방법은 아니라고 합니다.

우리 몸은 이렇게 신체 부위에 따라 산성도를 적절히 유지해야 건강할 수 있습니다. 하지만 일부러 산성이나 염기성 물질을 찾아다닐 필요는 없습니다. 레몬주스나 콜라를 마신다고 우리 몸이 산성이 되거나 석회암반수에 몸을 담근다고 알칼리성으로 변하는 건 아니니까요.

그 이유는 혈액에는 산이나 염기성 물질이 들어와도 일정 pH를 유지해주는 완충능력이 있기 때문입니다. 이처럼 산과 염기를 추가해도 pH 변화가 거의 없는 용액을 '완충용액'이라고 하는데요. 대표적인 물질로 아세트산과 그 짝염기가 있습니다.

아세트산은 물에 녹으면 그 짝 염기인 아세트산 이온과 수소이온이 됩니다.

$CH_3COOH + H_2O \rightleftarrows CH_3COO^- + H_3O^+ (H_2O+H^+)$

아세트산은
식초의 원료야.

그리고 아세트산과 아세트산이온은 평형상태

를 이룹니다.

$CH_3COOH \rightleftarrows CH_3COO^- + H^+$

이 상태에서 산을 넣으면 많아진 수소이온을 없애기 위해 왼쪽으로 반응이 일어나고, 염기(OH^-)를 넣으면(이온과 반응) 없어진 수소이온을 채우기 위해 오른쪽으로 반응이 일어납니다.

그 결과 아세트산 수용액은 일정한 pH를 유지하게 되는 거지요.

우리 몸에서 이러한 완충작용을 하는 대표적인 물질은 혈액 속에 녹아 있는 이산화탄소(CO_2)와 탄산수소이온(HCO_3^-) 입니다.

(1) $H^+_{(aq)} + HCO^-_{3(aq)} \rightleftarrows H_2CO_{3(aq)}$

(2) $H_2CO_{3(aq)} \rightleftarrows CO_{2(g)} + H_2O_{(\ell)}$

몸에 산성 물질이 들어와 수소이온이 많아지면 (1)의 반응이 오른쪽으로 일어나 탄산의 농도가 증가하고, 반대로 수소이온이 적어지면 (1)의 반응이 왼쪽으로 진행되어 탄산이 분해되고 수소이온이 보충되지요. 그 결과 우리의 몸은 일정한 pH를 유지하게 되고요.

| 수소이온 농도가 높아질 때 | | 수소이온 농도가 낮아질 때 |

(2)의 반응은 pH를 조절하느라 탄산이 많아지면서 일어납니다.

혈액 속의 탄산은 이산화탄소와 물로 분해되어, 이산화탄소를 폐를 통해 물은 탄산 및 수소이온과 함께 콩팥을 통해 밖으로 배출되게 됩니다.

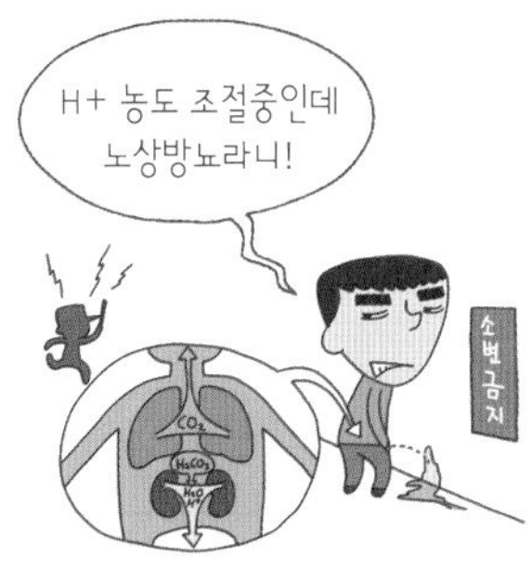

이렇게 산과 염기는 자연계 물질들을 지배하는 또 다른 질서이면서 우리 몸의 생리적 활동을 유지시켜주는 물질의 고유한 특성이라고 할 수 있습니다.

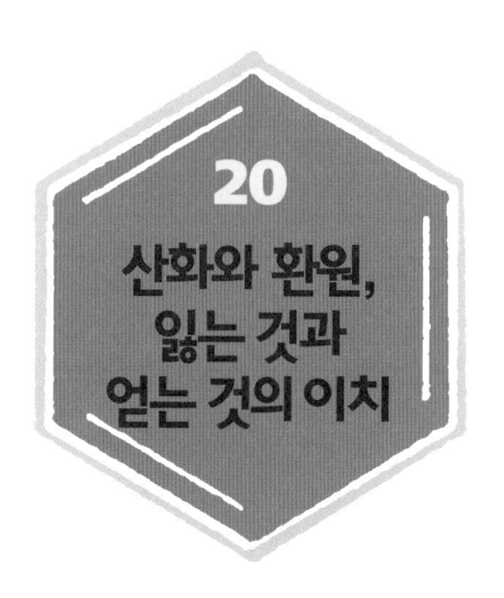

20 산화와 환원, 잃는 것과 얻는 것의 이치

한 소년이 있었습니다.

어느 날, 소년은 길을 걷다가 발밑에 떨어져 있는 동전 하나를 주웠습니다.

"땅만 보고 걷다 보니 공짜로 돈을 벌게 되는구나."

이후, 소년은 땅만 보고 걸었습니다. 두 눈은 크게 뜨되 고개를 숙이고 언제, 어디서 얻게 될지 모르는 보물을 찾기 위해서 말이지요.

평생을 그렇게 산 소년이 죽음을 앞두고 자신이 일생 동안 얻은 것을 따져보았습니다. “1페니짜리 동전 262개. 5센트짜리 동전 48개, 10센트 은화 19개, 25센트짜리 동전 16개, 50센트짜리 은화 2개, 1달러짜리 지폐 1개…. 평생 나는 13달러 26센트를 공짜로 얻었군.”

그는 아무런 힘도 들이지 않고 얻은 13달러 26센트에 흐뭇했습니다. 죽는 순간까지 자신이 무엇을 잃었는지 모르고 있었던 것입니다. 영롱한 무지개, 푸른 하늘, 바람을 따라 흘러가는 구름과 빛나는 태양, 그리고 사람들의 환한 미소…. 그런 것들이 인생에서 얼마나 귀한 것인지를 말입니다.

화학에도 잃는 것과 얻는 것이 공존하는 반응이 있습니다.

바로 산화와 환원입니다.

'산화'는 물질이 전자를 잃는 것이고, '환원'은 물질이 전자를 얻는 것으로 보면 되는데, 재미있는 것은 이러한 산화와 환원은 언제나 동시에 일어난다는 것입니다.

또 산화는 산소와 결합하는 것으로 말할 수도 있습니다. 가장 대표적인 것이 연소입니다. 고기를 구울 때 사용하는 숯을 떠올려보세요. 여기에 불을 붙이면 고기를 굽기에 충분할 정도의 열을 내며 타지요. 공기 중에서 숯에 불을 붙이면 타는 현상을 화학적으로 풀어보면 탄소라는 물질이 발화점 이상의 온도에서 산소와 결합하는 현상인데, 이것이 바로 연소입니다.

이 경우, 연소 과정에서 빛과 열이 나오게 되지요.

철이 녹스는 것도 연소와 비슷한 산화입니다.

철은 공기 중의 산소와 결합해 산화철이 되면서 녹이 스는데, 바로 산화의 한 종류입니다.

철이 산화철이 되면 질량이 증가합니다. 그러나 산소의 질량과 함께 따져보면 그 합은 일정하지요.

산소와 어떤 물질이 결합하는 연소 형태의 산화는 우리의 몸에서도 일어납니다. 우리가 음식물을 통해 섭취하는 단백질, 탄수화물, 지방을 3대 영양소라고 합니다. 이들 영양소는 호흡을 통해 들어온 산소와 결합해 물과 이산화탄소를 생성하며 생명 활동에 필요한 에너지를 내놓지요. 우리는 이 에너지를 열로 계산하기 때문에 킬로칼로리(Kcal)라는 단위를 씁니다.

즉, '닭가슴살은 칼로리가 낮다', '다이어트를 할 때 1시간 운동을 하면 몇 칼로리가 빠진다'라는 말은 산화(연소)의 값을 수치로 계산한 것입니다.

이렇게 우리가 살 수 있는 것은 끊임없이 일어나는 산화작용 때문입니다. 호흡 과정에서 몸 속에 들어가 생체조직과 세포에서 산화작용을 일으켜 노화를 가져오는 이런 산소를 '활성산소'라고 합니다.

현대인의 질병 중 약 90%가 이 활성산소와 관계가 있다고 하니, '얻는 것과 잃는 것은 결국 하나다'라는 말이 딱 맞는다고나 할까요?

산화와 환원은 수소의 개념으로도 설명할 수 있습니다. 만약 어떤

물질이 수소와 분리된다면 그것은 산화이고, 수소와 결합을 하게 되면 환원이라고 할 수 있는데, 물의 분리가 대표적인 경우입니다.

물($2H_2O$)은 수소($2H_2$)와 산소(O_2)로 분리될 수 있습니다.

이때 −극에서는 물의 양이온이 환원되면서 수소가 +극에서는 물의 음이온이 산화되면서 산소가 나오는 것이지요.

−극 : $4H_2O + 4e^- \rightarrow 2H_2 + 4OH^-$

+극 : $2H_2O \rightarrow O_2 + 4H^+ + 4e^-$

화학식으로 나타내면 물이 수소를 잃게 되는 과정에서 전자 (e^-)를 얻어 OH^-(수산화이온) 음이온이 발생하는 것을 볼 수 있습니다.

즉, 물은 수소를 잃고 산화되어 전혀 다른 물질이 되는 겁니다. 이처럼 어떤 형태로든 산화와 환원반응이 일어나면 처음과는 전혀 다른 물질이 생겨나게 됩니다.

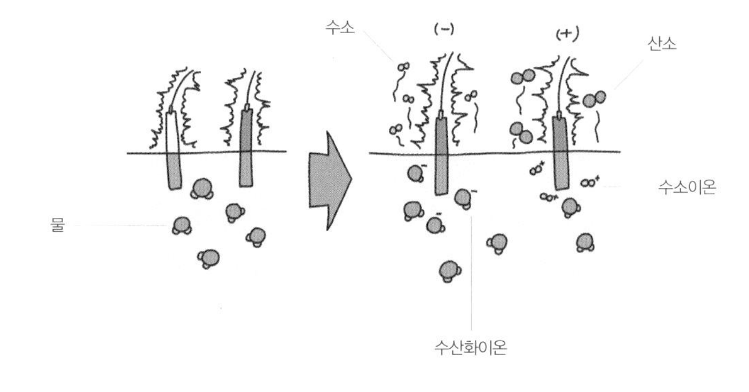

| 물의 전기분해 |

물을 전기분해 해서 얻은 산소와 수소를 브라운 가스라고 하는데, 이 가스는 흔히 워터 에너지로 불리며 석유 에너지를 대신할 대체 연료로 주목을 받고 있습니다.

또 우리 몸에 해를 끼치는 활성산소를 환원시켜준다는 수소수(수소가 많이 녹아 있는 물), 산화수, 환원수 등도 따지고 보면 물을 전기분해하는 과정에서 얻어지는 부산물인 셈이지요.

산화반응을 가장 포괄적으로 설명할 때 '전자를 잃어버리는 화학반응' 을 들게 되는데, 건전지에서 일어나는 화학반응이 대표적입니다.

건전지는 전자가 담겨 있는 상자로, 이 상자에서 나온 전자가 도선을 따라 흘러가면 전류가 되는 것입니다. 따라서 어딘가에서는 전자가 나와야 하는데, 이 역할을 하는 곳이 바로 건전지의 −극이고, 그 방법이 산화인 셈입니다. 우리가 가장 많이 사용하는 아연·탄소 건전지의 구조를 보면, −극에는 아연, +극에는 탄소막대가 들어 있고 그 사이는 전해질(전류가 흐르도록 도와주는 물질)로 염화암모늄이 채워져 있습니다.

아연과 탄소를 비교하면 아연은 이온으로 바뀌려는 경향이 커서 전자를 잃기 쉽고, 탄소는 이온으로 바뀌려는 경향이 작아 전자를 잘 받아들입니다. 따라서 이 물질이 들어 있는 건전지의 양극을 도선으로 연결하면 아연은 아연이온(Zn^{2+})이 되어 전해질인 염화암모늄에 녹고, 아연이 담겨 있는 통은 전자들이 모여 −극이 됩니다. 이것이 −극에서 일어나는 산화반응입니다.

−극 아연판 : $Zn \rightarrow Zn^{2+} + 2e^-$

이때 전해질인 염화암모늄은 암모늄이온(NH_4^+)과 염화이온(Cl^-)이 되지요.

전해질 : $NH_4Cl \rightarrow NH_4^+ + Cl^-$

(염화암모늄) (암모늄이온) (염화이온)

암모늄이온은 녹아 나온 아연이온에 의해 밀려나 탄소막대 쪽으로 모이게 되고, 다시 탄소막대에서는 전자를 얻어 암모니아와 수소가 됩니다.

+극 탄소막대 : $2NH_4^+ + 2e^- \rightarrow 2NH_3 + H_2\uparrow$

전지는 1800년 이탈리아 과학자 볼타(Volta, 1745~1827)가 처음 만들었습니다.

이것은 묽은 황산에 아연판과 구리판을 담그고 두 판을 도선으로 연결한 장치로 '볼타 전지'로 불립니다.

볼타 전지에서는 구리보다 이온이 되기 쉬운 아연이 전자를 내놓고, 이 전자는 도선을 따라 구리판으로 이동합니다. 그러면 구리판 쪽에는 황산이 이온화하여 생긴 수소이온이 전자를 얻어 환원되면서 수소 기체가 되지요.

$$(-)\text{극} : Zn \rightarrow Zn^{2+} + 2e^-$$

$$(+)\text{극} : 2H^+ + 2e^- \rightarrow H_2\uparrow$$

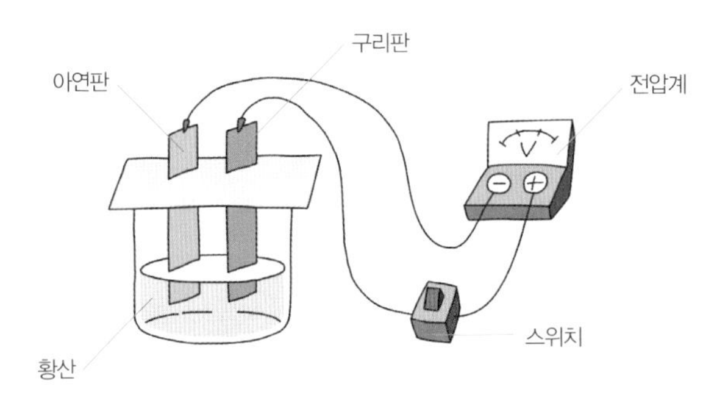

볼타 전지의 원리

그런데 볼타 전지에는 문제가 있습니다.

구리판에서 생긴 수소 기체가 구리판을 둘러싸면서 수소이온이 전자를 받는 것을 방해하는 것입니다.

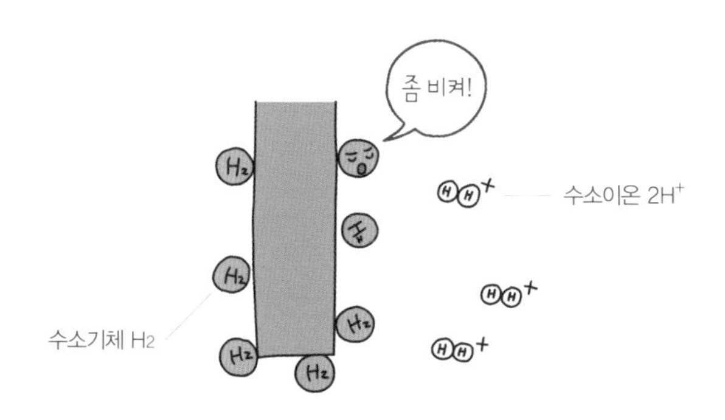

그 결과 전류의 세기가 떨어지고 전지의 수명은 단축되는데, 이것은 하나의 용기에 두 개의 전극을 넣어 생기는 문제로 '분극 작용'이라고 하지요.

볼타 전지의 이러한 문제를 해결하기 위해 나온 것이 다니엘 전지입니다. 다니엘 전지는 두 개의 용기에 각기 다른 전해질을 넣습니다.

즉, 한 용기에는 전해질로 황산아연을 넣고 −극이 될 아연판을 담그고, 다른 용기에는 전해질로 황산구리를 채운 뒤 +극이 될 구리판을 담그는 것이지요. 이렇게 하면 화학반응이 따로따로 일어나 분극화 작용이 생기지 않습니다.

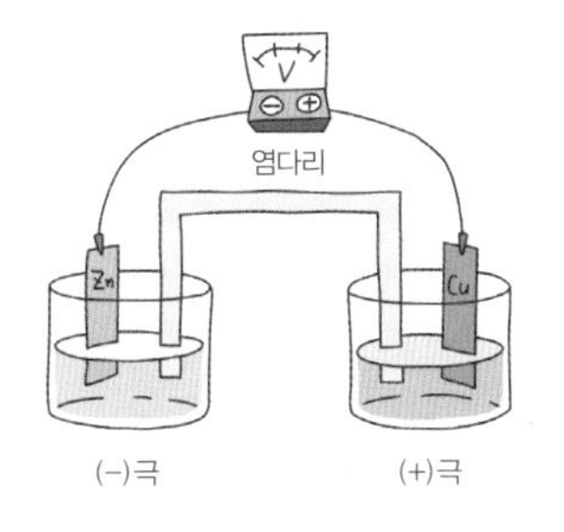

| 다니엘 전지 |

우리가 지금 사용하는 전지는 이러한 원리를 적용해 분극화를 막는 물질로 이산화망간(MnO_2)을 사용하기 때문에 '망간 전지' 라고 합니다. 또 전해질 용액을 그대로 사용하는 것을 '습전지', 탄소가루와 같은 물질에 섞어 굳힌 것을 '건전지' 라고 하지요.

망간은 이 과정에서 탄소 막대 쪽에 생기는 수소를 없애주는데, 망간처럼 분극화를 막아 전지의 효율을 높여주는 물질을 '소극제' 또는 '감극제' 라고 합니다.

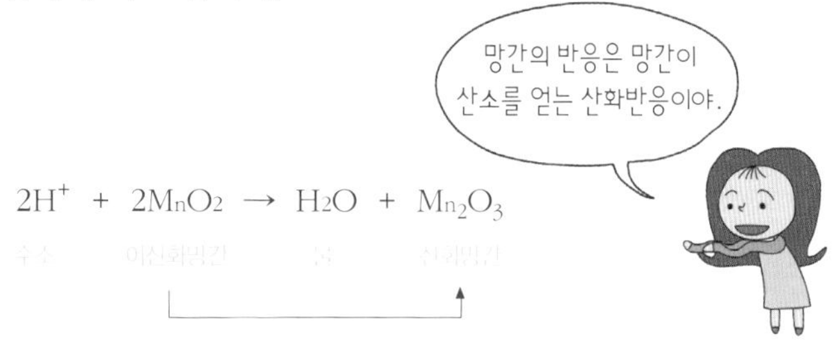

전지는 이렇게 산화와 환원반응이 한꺼번에 일어나면서 작동하는 물건입니다.

화학 전지와 더불어 산화와 환원반응을 이용하는 것이 전기 도금입니다. 전기 도금은 전기 분해를 응용한 것으로 금속의 표면에 또다

른 금속을 얇은 막 형태로 덧씌우는 것입니다. 이렇게 하면 금속에 녹이 스는 것을 막을 수 있을 뿐 아니라, 저렴한 비용으로도 값비싼 귀금속 같은 효과를 낼 수 있지요.

은수저의 경우 전체를 은으로 하게 되면 값이 비싸지고 무르기 때문에 합금을 하거나 도금을 하게 됩니다. 은 도금을 할 물체를 먼저 −극에 연결한 다음 질산은($AgNO_3$) 용액에 넣습니다. 그리고 +극에는 은판을 연결하고 −극에는 도금할 물체를 연결한 후 전류를 흘려보내면 연쇄적인 화학반응이 일어나면서 도금이 됩니다.

+극 : $Ag \rightarrow Ag^{+} + e^{-}$

−극 : $Ag^{+} + e^{-} \rightarrow Ag$(도금)

실생활에서 많이 사용하는 구리 도금의 경우, 원리는 같지만 질산은 대신 황산구리를, 은판 대신 구리판을 사용하며, 니켈, 크롬, 아연 도금도 원리는 마찬가지입니다. 이렇게 도금액을 도금하고자 하는 금속이 녹아 있는 물질을 사용하는 것은 도금이 일정하게 일어나도록 하기 위해서입니다.

아래와 같이 산화와 환원반응은 전자, 산소, 수소의 관점에서 정리할 수 있습니다.

	산화		환원	
	정의	예	정의	예
전자	잃음	$Zn \rightarrow Zn^{2+} + 2e^-$	얻음	$Cu^{2+} + 2e^- \rightarrow Cu$
산소	결합	$C + O_2 \rightarrow CO_2$	분리	$CuO + H_2 \rightarrow Cu + H_2O$
수소	분리	$2NH_3 \rightarrow N_2 + 3H_2$	결합	$H_2 + Cl_2 \rightarrow 2HCl$

산화와 환원반응에서 물질의 변화를 보면 자기 자신은 환원되면서 다른 물질은 산화시키거나 자기 자신은 산화하면서 다른 물질을 환원시키는 일이 많습니다. 그래서 등장하는 용어가 산화제와 환원제입니다.

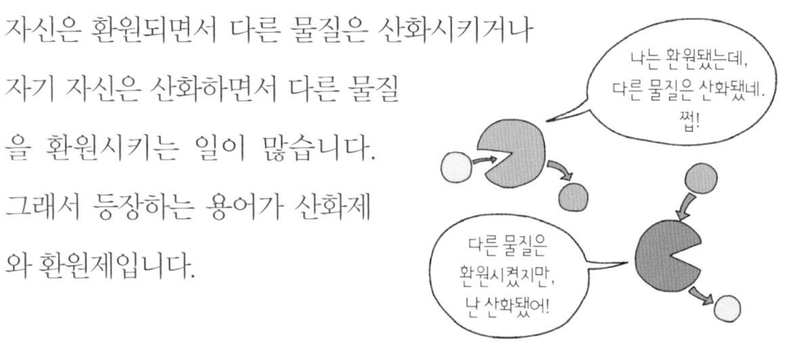

하지만 산화제나 환원제는 따로 정해진 것이 아니고 반응에 따라 역할이 변할 수도 있습니다. 예를 들어 과산화수소(H_2O_2)는 요오드화칼륨(KI)과 산성 용액에서 반응할 때는 물(H_2O)이 되면서 산화제 역할을 하지요.

그러나 과망산칼륨($KMnO_4$)와 반응하게 되면 산소(O_2)가 되므로 환원제가 됩니다.

$$5H_2O_2 + 2H_2O_2 + 3H_2SO_4 \rightarrow K_2SO_4 + 2MnSO_4 + 2H_2O + O_2$$

$$2KMnO_4 \rightarrow K_2O + 2MnO + 5O$$ (과망산칼륨의 변화)

$$5H_2O_2 + 5O \rightarrow 5H_2O + 5O_2$$

산화되면서 환원제로 사용

이렇게 같은 물질이라도 어떤 물질과 만나느냐에 따라 산화될 수

도, 환원될 수도 있는데요. 이때 일반적으로 기준이 될 수 있는 것이 반응성입니다.

반응성에 따라 대표적인 것으로 금속이 있는데, 이런 물질들을 나열하면 다음과 같습니다.

K〉Ca〉Na〉Mg〉Al〉Zn〉Fe〉Ni〉Sn〉Pb〉H〉Cu〉Hg〉Ag〉Pt〉Au

즉, 자신보다 강한 상대를 만나면 자리를 비켜주고, 산화제가 되기도 하고 환원제가 되기도 하는 것이지요. 물질계의 약육강식인 셈입니다.

특히, 산화와 환원반응은 동시에 일어나므로 전체적으로 보면 잃는 것과 얻는 것이 어느 한쪽으로 치우치지 않습니다. 또 반응이 끝난 다음에는 처음과는 전혀 다른 물질이 생성되기 때문에 물질의 변화도 쉽게 확인할 수 있으며, 여러 과정을 거치고 나면 본래 상태로 되돌릴 수도 있습니다.

사랑을 얻으면 우정을 잃고,
승리를 얻으면 목표를 잃고,
안정을 얻으면 설레임을 잃고….
인생은 뭐 다 그런 겁니다.
하나를 얻으면 하나를 잃는 게
사람 사는 이치니까요.

21 녹과의 전쟁

금속의 반응성

어떤 자극에 대해 대응해서 일어나는 현상을 '반응'이라고 합니다.

금속에도 이런 반응이 있습니다.

금속의 반응은 외부의 어떤 물질을 만났을 때 전자를 내놓는 형태로 나타납니다. 이것을 '금속의 반응성'이라고 하죠.

금속이 전자를 내놓게 되면 화학반응이 일어나는데, 이것을 '산화'라고 하지요. 쉽게 말하면 녹이 슨다는 겁니다.

금속에게 녹이 슨다는 건 아주 치명적인 약점입니다. 특히 우리가 가장 많이 쓰는 금속인 철은 이 녹에 아주 취약한 금속이지요.

철은 물과 만나면 전자를 내주면서 산소와 결합을 합니다. 그 결과 산화제2철(FeO)과 수소가 태어나지요. 이때 주위에 산소가 없으면 수소가 코팅을 하듯 철의 주위를 감싸 더 이상 녹이 스는 것을 막아줍니다. 하지만 산소가 있으면 수소는 이 산소와 결합하여 물을 만들기 때문에 철은 계속해서 전자를 내어줘야 하는데요, 이런 상태가 오래 지속되면 속까지 녹이 슬게 됩니다.

철과 산소가 틈만 나면 결합하는 원리는 우리 몸에도 있습니다. 바로 적혈구가 산소를 운반하는 비결과 같죠.

이탈리아 과학자 멘기니(Menghiui, 1704~1759)는 개에게 철 성분을 섞은 먹이를 주었답니다. 그런데 그 철 성분이 개의 피 속에서 발견되었지요.

이는 적혈구의 철이 산소 원자를 온몸으로 전달하는 메커니즘인데요, 곤충이나 게 중에는 이 철 대신 구리가 들어 있는 것도 있답니다.

그래서 이 곤충들은 빨간 피가 아니라 파란 피를 갖고 있지요.

어쨌든 철이 산소와 죽고 못 사는 사이이기 때문에 생기는 녹은 철 제품을 많이 사용하는 인류에게 아주 큰 골칫덩어리입니다.

녹과의 전쟁은 철이 발견되면서부터 시작되었습니다. 처음에는 아주 원초적인 방법으로 닦고, 닦고, 또 닦았습니다. 그 다음이 기름을 치는 것이었는데, 철의 표면에 기름막을 형성해 산소의 접근을 막는 방법이었지요. 이 원리에서 조금 더 진보한 것이 도장과 도금이랍니다.

그러나 철의 표면에 페인트칠을 하는 도장이나 금속 막을 씌우는 도금에는 한계가 있습니다. 유조선이나 철제 건축물과 같은 거대한 구조물에 사용하기엔 문제가 있거든요.

이 난감한 상황에서 사람들은 금속마다 반응성에 차이가 있다는 사실에서 힌트를 얻었습니다. 금속들은 각기 자신만의 고유한 성질

을 가지고 있는데, 공기 중에서 산소와 반응하는 정도가 다른 것도 그 특성 중에 하나지요.

보통 반응성의 정도는 칼륨, 알루미늄, 철 등이 크고, 수소보다 뒤에 있는 금속인 구리, 은, 금 등은 아주 작지요.

금속	K Ca Na Mg Al Zn Fe Ni Sn Pb(H) Cu Hg Ag Pt Au			
반응성의 크기	크다 ··· 작다			
공기중의 산소와 반응	상온에서 내부까지 산화	상온에서 표면이 산화	산화되지 않음	
물과 반응	상온에서 산화하여 수소 발생	고온에서 반응하여 수소 발생	반응하지 않는다.	
산과 반응	묽은 산과 반응하여 수소 발생		질산, 진한 황산과 반응	왕수와 반응

반응성이 큰 금속과 작은 금속을 연결해놓으면 반응성이 큰 금속이 먼저 반응하면서 반응성이 작은 금속에 녹이 스는 것을 막아줍니다. 이것을 '음극화 보호'라고 하는데, 예를 들어 철과 아연을 연결해놓으면 아연이 산화하면서 내놓는 전자가 철로 이동해 철이 산화되면서 나오는 다른 전자를 다시 환원시켜 결론적으로는 녹이 스는 것을 막아주는 것이지요.

음극화 보호를 통해 녹을 방지하는 방법은 산업적으로 엄청난 손실을 막아주는 기술에 속합니다. 지구의 환경이 급격하게 나빠지면서 사람들의 건강은 물론 산업적으로도 엄청난 피해를 주는 산성비에 대해서도 음극화 보호는 부식 방지를 위한 가장 현실적인 대안이 되기도 하니까요.

산성비는 화석 연료에서 나오는 황이나 질소산화물 등이 대기의 수증기에 녹아들면서 눈이나 빗물을 산성으로 바꾸는 것입니다. 북아메

리카의 애팔래치아 산맥 부근에서 내리는 비는 보통 비의 2천 배나 되는 산성을 띠기도 하는데, 이는 거의 레몬주스를 뿌리는 것과 같은 수준이지요. 또 서울의 경우는 신김치의 산도와 비슷한 산성비가 내린 적도 있습니다. 이런 산성비는 철의 반응속도를 촉진해 보통 빗물보다 훨씬 빠르게 녹을 만들어냅니다.

거대한 구조물의 경우 음극화 보호는 이러한 산성비의 공격에 거의 유일한 대안이 될 수밖에 없습니다.

그런데 음극화 보호로도 어쩔 수 없는 것이 있습니다.

바로 땅 속에 묻혀 있는 수도관, 가스관, 송유관과 같은 철 제품입니다. 땅 속에는 공기가 없어 산소와의 접촉이 없으니 녹이 잘 슬 것 같지 않지만 실상은 그렇지가 않습니다.

땅 속에는 디설포비브리오(Desulfovibro)라는 미생물이 있는데, 이 생물은 수소를 이용해 황산염을 황화수소(H_2S)로 만들고, 이때 나오는 에너지로 살아갑니다. 미생물도 생명체니 살려고 이러는 건 어쩔 수 없지만, 문제는 황화수소입니다.

황화수소는 철의 전자를 빼앗아 급속히 녹을 만들어내거든요. 이 메커니즘을 '생물학적 부식'이라고 합니다.

수소막
디설포비브리오
황화수소
녹

| 생물학적 부식의 메커니즘 |

물론 수분(물)도 부식에 영향을 줍니다. 땅 속의 철제 구조물이 녹스는 데는 물의 영향도 있습니다.

생물학적 부식으로 인한 피해는 반응성이 큰 철이 부식으로 입게 되는 전체 피해의 10%에 달하고 있습니다. 따라서 이 철을 먹어 치우는 불가사리, 미생물 디설포비브리오를 막는 방법을 찾아내는 누군가가 있다면 그는 분명 빌 게이츠나 스티브 잡스 같은 부와 명예를 갖게 될 거예요.

22 반응이 가져온 결과

발열과 흡열

서양 문학에서 열정적인 사랑의 상징으로 로미오와 줄리엣을 든다면, 동양에서는 당나라의 현종과 양귀비를 이야기하곤 합니다. 그런데 이들의 사랑은 비극으로 치달은 열정은 비슷하나 사랑이 갖는 의미에 있어서는 완전히 다르다고 할 수 있습니다.

로미오와 줄리엣은 순수하고 지고함으로 인해 보는 이들의 마음을 뜨겁게 한다면 양귀비와 현종의 사랑은 이기적이고 표리부동함으로 인해 사람들의 가슴을 서늘하게 합니다.

사랑이 남녀가 만나 열정을 불태우며 삶의 의미를 만드는 것이라면 화학에서는 그 같은 사랑을 물질 간의 반응이라고 할 수 있습니다.

그런데 사랑에도 가슴 뜨거운 사랑과 냉혹한 사랑이 있듯이 화학에서도 반응의 결과가 뜨거워지는 반응과 차가워지는 반응이 있습니다.

이 현상들은 반응열로 불리는 물질 간의 에너지 이동 때문에 생기게 됩니다. 일반적으로 물질들이 서로 반응을 하면서 열 에너지를 내놓는 반응을 '발열반응', 열 에너지를 흡수하는 반응을 '흡열반응'이라고 합니다.

이때 유치원생도 가질 만한 의문 한 가지!

"대체 이 열은 어디서 온 거예요?"

이것이 바로 원초적이면서도 곤란한 의문입니다.

인류가 발견한 위대한 진리인 '에너지 보존 법칙'의 관점에서 보면 더 쉽지 않지요. '나무 속에 불이 있었다' 거나 '물 속에 얼음이 있었다' 고 하면 머릿속에 그려지는 그림이 더 어색해지니까요.

그러나 이 개념은 반응열에서 매우 중요합니다. 눈에 보이지는 않지만 모든 물질은 에너지를 가지고 있기 때문이죠. 이 에너지는 운동에너지와 위치 에너지로 설명할 수 있고 빛이나 열은 이 에너지가 다른 형태의 에너지로 바뀌는 것이라고 할 수 있습니다.

여기, 물이 가득찬 풍선이 있습니다.

물은 풍선을 경계로 외부(주위)와 분명하게 나뉘어져 있습니다. 이처럼 하나의 물질이 외부와 분명한 경계를 이루고 있을 때 그 대상을 '화학적 계(Chemical system)' 라고 합니다.

계 안에는 수많은 분자들이 있는데, 이 분자들은 진동, 회전 등 제멋대로 움직이는 운동 에너지와 전기적 인력이나 반발력 같은 위치 에너지를 가지고 있지요. 따라서 이 분자들이 갖는 모든 에너지를 합하면 계 안에 있는 에너지가 되는데, 이것을 '내부 에너지' 라고 합니다.

한편, 열은 에너지의 한 형태입니다. 따라서 에너지 보존 법칙에 따르면 에너지를 가진 모든 물질은 열을 가질 수 있지요. 우리는 이 열을 온도로 나타냅니다. 쉽게 차갑고 뜨거운 정도를 눈금으로 표기하는 거라고나 할까요.

어쨌든 눈에 보이지 않지만 느낄 수는 있는 열 에너지를 수치화하기엔 온도가 딱이지요. 그러나 열과 온도가 같은 것이라고 하기는 어렵습니다.

수박만 한 풍선 속 물과 사과만 한 풍선 속의 물에 열을 가해 5℃의 온도를 높였다고 할 때, 온도의 변화는 똑같이 5℃이지만 가해진 열은 수박만 한 풍선이 훨씬 많으니까요.

또 똑같이 1℃의 온도를 높인다 하더라도 거기에 필요한 열은 물질마다 다른데, 이때 필요한 열의 양을 '열용량' 또는 '비열'이라고 합니다.

예를 들어 1g의 구리 온도를 1℃ 높이는 데 필요한 열이 1이라면 물 1g의 온도를 1℃ 높이는 데 드는 열은 10이 넘습니다. 구리의 비열이

물의 비열 값에 비해 10분의 1도 안 되는 것이지요. 이것은 물과 구리가 갖고 있는 내부의 상태 때문입니다.

물 분자들은 수소 결합을 하고 있어 활발하게 움직이기 어렵습니다. 그래서 외부에서 열이 들어오면 많은 부분이 이 결합과 관련된 위치 에너지(분자 간의 인력)로 가게 됩니다.

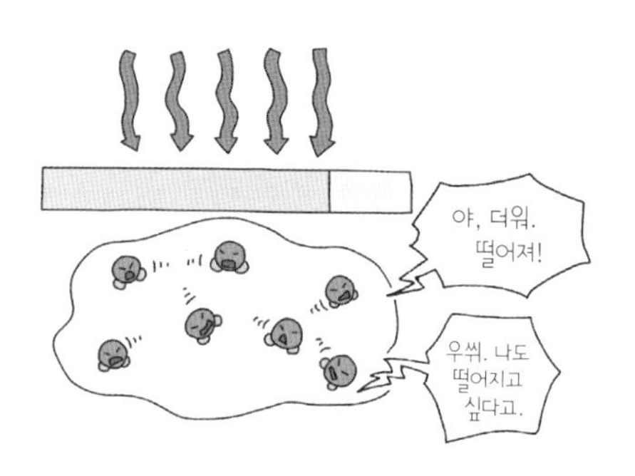

반면, 구리는 금속 특유의 자유전자를 가지고 있습니다.

'전자의 바다'라고 불리는 활발하면서 자유롭게 움직이는 전자들 말입니다.

구리의 경우 외부에서 들어온 열 대부분은 이 전자들이 더 빠르고 활발하게 움직이는 데 쓰입니다. 즉, 열이 운동 에너지로 가는 셈이지요. 그 결과 쉽게 온도가 오르게 되는 것입니다.

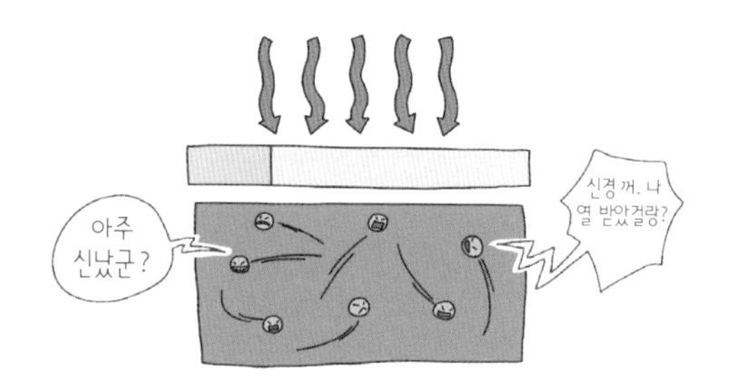

흔히 물을 최고의 냉각제라고 하는데, 그 이유는 이처럼 물의 비열이 다른 물질보다 높기 때문입니다.

| 대표적 물질의 비열 |

온도와 열은 이처럼 떼려야 뗄 수 없는 연관성을 가지고 있기도 합니다.

그렇다면 온도를 정하는 기준은 여러 가지가 있을 텐데 열을 다루는 입장에서 열과 온도를 모두 '0'으로 일치시킬 수 있는 단위는 없을까요?

물론 있습니다. 우리가 '모든 분자와 원자의 움직임이 정지하는 온도'로 알고 있는 '절대온도'가 그것입니다.

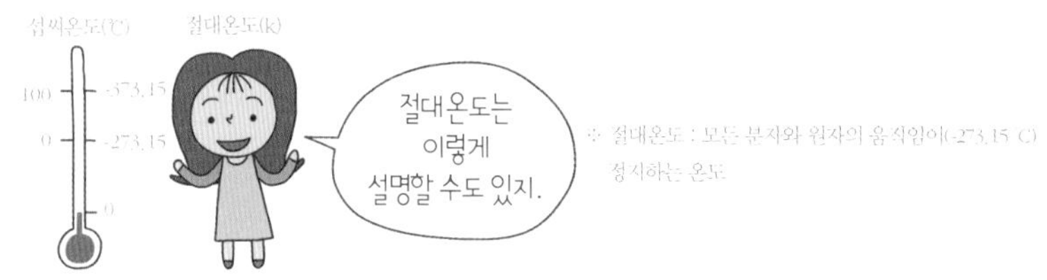

| 물이 녹는점(0℃), 끓는점(100℃) 기준 |

열에 관계된 학문에서는 절대온도를 많이 사용하는데, 거기에는 이처럼 온도와 측정 기준 물질이 갖는 에너지를 쉽게 예측할 수 있기 때문입니다.

열을 온도 변화로 나타낼 수 있듯이, 또 다른 형태의 에너지인 일(work)로도 살펴볼 수 있습니다.

폭탄이 터지면 열과 함께 강한 폭풍이 일어나는데요. 이 폭풍은 폭발이 일어나면서 발생되는 압력이 주위의 공기를 밀어내면서 생기는 것입니다.

즉, 물질이 갖는 에너지가 압력으로 바뀌어 일을 한 것이지요. 만약 이 일을 하지 못하게 막는다면 온도는 훨씬 더 올라갈 것입니다. 일 에너지가 모두 열 에너지로 바뀔 테니까요.

화학반응에서 에너지의 변화는 이렇게 일과 열의 형태가 있고, 이 두 에너지를 합한 것을 '엔탈피(enthalpy)' 라고 합니다.

이 엔탈피가 우리는 그토록 궁금하게 했던 '도대체 열은 어디서 오는가?' 에 대한 열쇠입니다.

자, 그럼 장작이 타는 것을 예로 엔탈피가 어떻게 변하는지 살펴볼까요?

장작을 쌓고 불을 지피면 열을 내며 타오릅니다.

이것은 장작의 주성분인 탄소가 산소와 반응해 이산화탄소로 바뀌는 연소 과정인데, 이때 반응하는 탄소와 산소를 '반응물질', 새롭게 생기는 이산화탄소를 '생성물질'이라고 합니다. 또 두 반응물질이 반응을 하면서 내놓는 열을 '반응열' 이라고 하지요.

그런데 장작이 탈 때는 열을 내놓게 되므로 반응열은 생성된 에너지라고 할 수 있습니다. 이렇게 산소와 탄소가 각각 1g씩 반응할 경

우 일정한 양의 에너지가 나오게 되는데, 그 값은 393,500J(줄: 에너지를 일로 계산했을 때의 단위) 입니다.

탄소(C) +산소(O_2) --> 이산화탄소(CO_2) + 393,500J(반응열, 생성열)

이를 에너지 보존 법칙에 따라 엔탈피로 따져보면 발생한 열 에너지는 반응물질에서 감소한 엔탈피만큼이 됩니다.

그러니까 연소와 같은 발열반응 시 나오는 열 에너지는 애초에 없던 것이 새롭게 만들어지는 것이 아니라, 반응물질이 가지고 있던 엔탈피의 일부가 열이라는 형태의 에너지로 바뀌어 나오는 것이지요.

| 발열반응의 에너지 변화 |

이처럼 반응의 결과로 엔탈피가 줄어들며 열을 생성하는 발열반응에는 연소와 더불어 산과 염기의 중화반응, 산과 금속의 산화반응,

수소와 산소의 합성반응 등이 있지요.

이밖에도 물질은 상태가 변할 때도 엔탈피의 변화가 오는데, 기체에서 액체로, 액체에서 고체로 변할 때 열을 방출하게 됩니다.

에스키모들은 얼음집에 가끔 물을 뿌리는데 이렇게 하면 물이 얼음으로 바뀌면서 열을 방출해 얼음집 내부가 따뜻해진다고 합니다.

발열반응은 이렇게 우리의 생활 속에서도 많이 찾아볼 수 있습니다. 특히 연소는 엄청난 에너지를 사용하는 현대의 생활방식에서는 한순간도 멈추지 않고 일어나는 발열반응인데, 이것 역시 다양한 물질의 엔탈피를 우리가 빌려쓰고 있는 것입니다.

수소	143
천연가스	50
휘발유	48
원유	43
석탄	29
종이	20
나무	15

| 반응열 |

흡열반응은 발열반응과 반대입니다.

흡열반응이 일어나게 되면 반응물질의 주변 온도는 떨어지게 됩니다. 이것은 생성된 물질이 에너지를 흡수하기 때문입니다. 즉, 엔탈피가 증가하는 것이지요.

흡열반응의 대표적인 예로는 식물의 광합성을 들 수 있습니다.

광합성은 식물이 빛과 물, 이산화탄소를 합성해 포도당을 얻는 것으로 자연계를 먹여 살리는 엔탈피의 축적 과정이기도 합니다.

포도당은 동물들이 섭취해 체내에 들어오면 호흡이나 소화 효소에 의해 분해되면서 생명활동에 필요한 에너지원으로 바뀌게 되는데, 이 과정 자체가 엔탈피를 소비하는 화학작용의 연속이니까요.

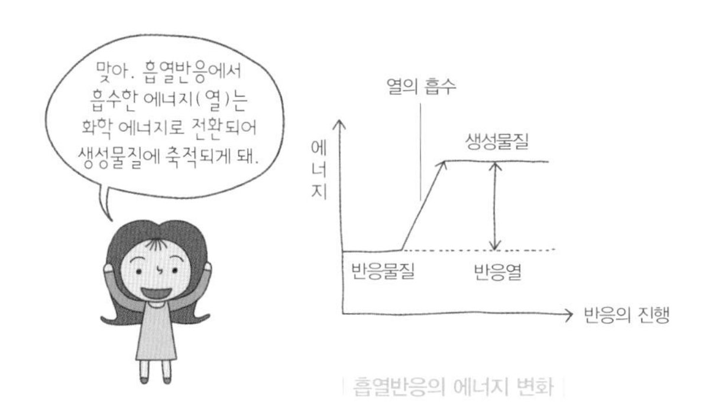

| 흡열반응의 에너지 변화 |

| 광합성 : 흡열반응의 예 |

| 포도당 분해 : 발열반응의 예 |

또다른 흡열반응에는 전기분해와 열분해가 있습니다.

예를 들어, 물을 전기분해하면 수소와 산소가 발생하는데 이때는 483.6KJ만큼의 전기 에너지를 흡수하지요. 이 에너지는 산소와 수소가 반응하여 물이 될 때 나오는 에너지와 정확히 일치하는 양입니다.

$2H_2O$(물) → $2H_2$(수소) + O_2(산소) − 483.6KJ

흡열반응의 또 다른 예인 열분해로는 탄산칼슘의 분해를 들 수 있어요. 탄산칼슘은 열을 가하게 되면 산화칼슘과 이산화탄소로 바뀌게 되는데, 이때는 g당 −178.3KJ의 에너지를 흡수합니다.

$CaCO_3$(탄산칼슘) → CaO(산화칼슘) + CO_2(이산화탄소) −178.3KJ

집을 지을 때 꼭 필요한 재료인 시멘트의 주성분은 산화칼슘입니다. 이 산화칼슘을 얻기 위해 시멘트 공장에서는 큰 가마에 탄산칼슘(보통 석회석)을 넣고 가열합니다. 이렇게 하면 탄산칼슘은 열을 받아들이며 반응해 산화칼슘과 이산화탄소로 분해되지요.

물질의 상태가 변할 때에도 흡혈반응이 일어납니다. 예를 들어, 고체가 액체로 변할 때, 액체가 기체로 변할 때에는 가하는 열만큼 일정하게 오르던 온도가 일시적으로 멈추게 됩니다. 얼음에서 물로 변하는 순간에는 아무리 가열을 해도 물이 0℃를 가리키거나, 물이 수증기가 되는 순간 100℃의 상태에서 머무르는 것처럼 말입니다.

이때 열은 물질의 구조를 바꾸는 데 쓰입니다. 온도를 올리는 게 아닙니다. 따라서 같은 물질이라면 고체보다는 액체가, 액체보다는 기체의 엔탈피가 높다고 할 수 있습니다.

또 분자의 운동을 보면 고체보다는 액체가, 액체보다는 기체가 더 활발해 구조적으로는 더 불안하다고 할 수 있는데, 이것은 '엔탈피가 높아지면 물질의 상태는 불안정해진다'는 것과 같습니다.

화학반응 시 생기는 에너지의 변화는 이렇게 발열반응과 흡열반응이 있습니다.

이것은 물질 간의 복잡한 메커니즘의 산물입니다. 핵심을 요약하면 화학반응 시 열을 주위로 내놓는 발열반응은 물질의 화학 결합을 더 강하게 하여 안정화시키며, 주위에서 열을 흡수하는 흡열반응은 반대로 화학 결합을 약하게 하여 불안정해진다는 것입니다.

이것은 열이 높은 쪽에서 낮은 쪽으로, 엔탈피 역시 높은 쪽에서 낮은 쪽으로 이동하려는 특징을 눈으로 확인해주는 현상이지요.

물질이 반응을 해서 열을 내놓든 흡수하든 전체 에너지에는 변화가 없다는 것은 자연이 지닌 놀라운 비밀이자 질서입니다.

그러나 사람의 만남에 있어서는 좀 다른 듯합니다. 서로의 만남이 어떤 결과를 가져오느냐에 따라 인생이라는 전체 엔탈피가 가득 찰 수도, 텅 빌 수도 있으니까요.

하늘에서는 비익조가 되길 원하고

땅에서는 연리지가 되길 원하네.

높은 하늘 넓은 땅도 다할 때가 있는데

이 가슴 속 한은 끝없이 계속되네.

양귀비를 사랑하는 현종의 마음을 노래한 백거이의 〈장한가〉 구절처럼, 우리는 눈과 날개가 하나뿐이어서 한몸이 되어야 날 수 있는 비익조나 나뭇가지가 서로 엉겨 한 나무처럼 살아가는 연리지를 닮은 만남을 꿈꿀지도 모릅니다.

그러나 양귀비를 향한 현종의 사랑이 수많은 목숨을 앗아갔듯이 이기적이고 왜곡된 사랑은 삶의 엔탈피를 빼앗기만 하지요. 그러니 사랑을 화학반응에 비유해 말하자면, 흡열반응처럼 주위의 모든 것을 빼앗아 자신의 엔탈피만 높이는 것은 피해야 할 일입니다.

우리는 참으로 다양한 관계 속에서 살아갑니다. 그런데 어떤 관계는 태어나면서 이미 맺어져 있기도 하고, 또 어떤 관계는 살아가면서 맺어지기도 합니다. 그중 전혀 모르고 살아왔던 사람들끼리 세상에서 가장 소중한 관계로 발전하기도 하는 것이 있는데 바로 소개팅입니다.

물론 사람 사이에서 일어나는 일이 란 게 예측할 수 없으니, 전혀 엉뚱한 방향으로 흘러갈 수도 있습니다.

때로는 괜한 짓을 했다 싶을 정도로 뒷감당이 버거워질 수도 있지요.

그래도 일이 잘 됐을 때는 뭔가 큰일이라도 한 것처럼 뿌듯하고, 사는 게 의미 있어지지요.

물질들의 세계에도 이런 주선자 같은 역할을 하는 것들이 있습니다. 바로 촉매입니다. '촉매(觸媒, 닿을 촉, 중매 매)'라는 어휘에서 짐작할 수 있듯이 촉매는 일종의 중매쟁이입니다.

왜냐하면 촉매는 물질들의 화학반응에서 자신은 변하지 않으면서 다른 물질들은 잘 반응하도록 도와주는 물질이거든요.

화학에서는 어떤 물질이 반응하는가도 중요하지만, 얼마나 빨리 반응하는가도 결과에 큰 영향을 줍니다.

화약은 집이라도 날려버릴듯 엄청난 속도로 반응하지만 이산화탄소와 산화칼슘이 반응해 만들어지는 석회암(종유석)은 1년에 1mm밖에 자라지 않을 정도로 느린 것처럼 말이지요.

물질의 반응에 있어서 촉매가 미치는 영향은 이 반응 속도에 있습니다. 화학반응에서 속도란 반응물이 소모되면서 새로운 생성물로 바뀌는 데 걸리는 시간입니다.

반응 시간 = 반응 속도

그런데 화학반응 속도는 반응이 진행되는 내내 똑같지가 않아요. 반응 초기에는 속도가 빠르지만 반응이 진행될수록 느려지는 게 보통이니까요. 이는 어떤 물질이 반응해 그 양이 반으로 줄어드는 시간인 반감기를 살펴보면 쉽게 알 수 있습니다.

맨 먼저, 대기 속에 많은 이산화질소를 예로 들어보겠습니다.

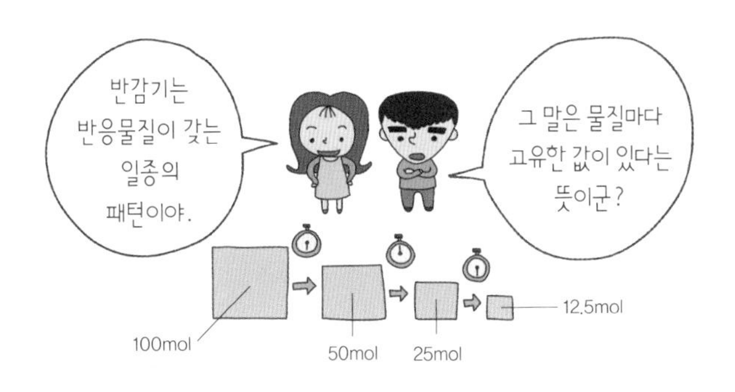

| 30초의 반감기를 가진 물질의 예 |

이산화질소는 자외선을 받으면 일산화질소와 산소로 분해되는데, 반감기가 80초입니다.

즉, 일정한 공간에 포함된 이산화질소의 양이 80초마다 줄어든다는 말이지요.

이 그래프에 수학의 로그와 미적분을 이용해 각각의 시간에 해당되는 속도를 구하면 기울기가 다른 직선을 구할 수 있는데요. 이것이 '반응 속도' 입니다.

반응 속도의 개념

이 반응 속도가 갖는 의미는 모형으로도 설명할 수 있는데요. 이산화질소가 분해되는 속도(반응 속도)가 단위 시간당 처음에는 16개였다면, 80초에서는 8개, 160초에서는 4개, 240초에서는 2개가 되는 것입니다.

한편 이산화질소는 밤이 되어 햇빛이 사라지면 자외선을 받지 못해 다시 생성되게 됩니다. 이때는 오존(O_3)과 결합을 하게 되는데요. 이 오존은 낮에 이산화질소에서 분해되었던 산소 원자(O)와 공기 중의 산소(O_2)가 결합해 만들어졌던 것입니다.

낮 밤

자외선이 사라지는 순간 일산화질소와 오존은 기다렸다는 듯이 결합을 합니다. 실제로 반응하는 속도가 매우 빨라서 5~6분이면 거의 끝날 정도지요. 그러니까 아주 짧은 시간에 낮에 생성되었던 일산화질소와 오존은 반응해 사라지고, 해가 뜨면 다시 분해되어 이산화질소가 만들어지는 것이지요.

이때 오존과 일산화질소는 반응물질이고, 이산화질소는 생성물질인데, 모든 물질의 반응 속도는 같게 됩니다. 즉, 처음에는 많이 사라지고 많이 생성되다가 점점 조금씩 사라지고 조금씩 만들어지는 것인데요. 이는 반응하는 물질들이 서로 만날 수 있는 기회가 점점 줄어들기 때문입니다.

우리는 이 만남의 기회를 '충돌 횟수' 라고 하고, 만남의 결과로 새로운 물질이 생성되는 것을 '유효 충돌' 이라고 합니다.

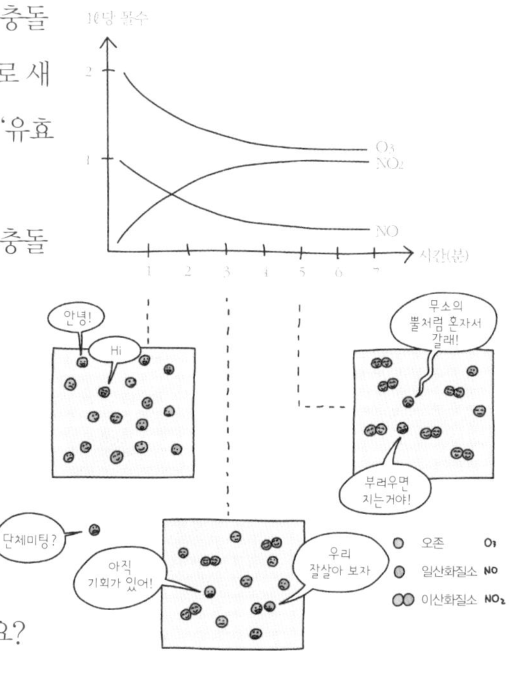

따라서 반응 속도는 유효 충돌의 속도와 같고, 총 충돌 횟수는 반응물질의 농도에 비례한다고 할 수 있습니다.

자, 그럼 반응 속도가 뭔지 알았다면 오존층이 있는 성층권으로 올라가볼까요?

오존층은 지상으로부터 약 20~25km 지점에 오존이 집중적으로 모여 있는 곳을 가리킵니다. 오존층에서는 산소(O_2), 오존(O_3)이 자외선과 반응하며 일정한 농도를 유지합니다.

낮 밤

그런데 어떤 물질이 들어오면 자극이 가해져 균형이 깨지게 되는데요, 그 대표적인 물질이 '프레온 가스' 입니다.

프레온 가스는 화장품 스프레이나 냉장고의 냉매로 많이 쓰이는 물질로 매우 안정적이어서 지상에서는 분해되지 않습니다. 그러나 성층권으로 올라와 강한 자극을 받게 되면 분해되어 염소를 내놓게 됩니다.

이 염소가 바로 오존층에서 연쇄적인 화학반응에 영향을 미치게 되고, 그 최종 결과는 오존의 분해로 나타납니다.

이때 염소는 자기 자신은 변하지 않으면서 염소 원자 1개는 약 10만 개의 오존을 분해한다고 합니다.

오존의 분해 과정에 영향을 미치는 염소처럼 반응 과정에서 소모되지 않으면서 반응 속도를 변화시키는 물질을 촉매라 합니다. 반응 속도를 빠른 쪽으로 변화시키는 촉매를 '정촉매', 반대로 반응 속도를 늦추는 촉매를 '부촉매'라고 합니다.

정촉매 부촉매

촉매가 반응물질의 반응 속도에 영향을 주는 것은 활성화 에너지 때문입니다. 활성화 에너지는 어떤 물질이 반응하는 데 필요한 최소의 에너지입니다. 수소 기체(H_2)와 산소 기체(O_2)의 예를 들어볼까요.

자연 상태에서 이 두 기체를 한

곳에 모아두면 쉽게 섞입니다. 분자들은 쉬지 않고 운동을 하고 있고, 운동을 하다 보면 서로 부딪히게 마련이니까요.

그런데 분자들이 충돌을 한다고 해서 분자 구조가 깨지지는 않습니다. 충돌할 때의 운동 에너지가 낮아서 그냥 튕겨나갈 뿐이지요.

하지만 초기 운동 에너지가 분자가 전기적으로 결합하고 있는 힘보다 커진다면 상황이 다릅니다.

운동 에너지가 분자의 전기적 인력을 끊어낼 수 있을 만큼 커지면 충돌이 일어날 경우 분자 구조가 깨질 수 있습니다.

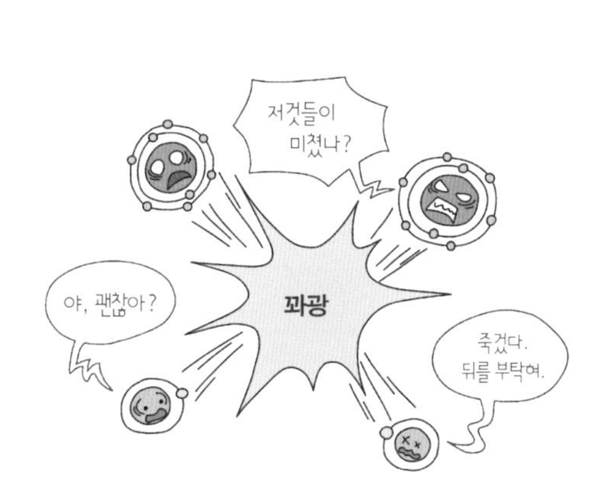

충돌은 계속 이어지고, 그것은 어떤 경우에는 분자 구조가 바뀔 운명적 충돌일 수도 있습니다. 물론, 충돌 에너지가 충분하다면 말이지요.

충돌 에너지가 전자들의 전기적 반발력을 감당해낼 경우에는 전자들은 재배열되고 새로운 분자가 생겨납니다. 이것이 생성물질인 물(H_2O)이지요.

그런데 이렇게 물 분자가 만들어지면 에너지가 방출되는데, 이 에너지(열)는 다시 주변에 있는 입자들을 들뜨게 하면서 전체 반응이 갑자기 일어나게 됩니다.

대부분의 결합반응에서는 반응이 일어나도록 하기 위한 추가 에너지가 필요한데, 이것이 '활성화 에너지'입니다. 화학자들이 반응을 시키고자 할 때 전기 스파크를 일으키거나 불을 붙이고, 끓이고, 소란을 떠는 것은 반응으로 가는 언덕인 활성화 에너지 이상의 에너지 자극을 주기 위해서지요.

촉매가 반응 속도를 변화시키는 것은 이 반응으로 가는 언덕인 활성화 에너지를 높이거나 낮추어주기 때문입니다. 정촉매는 활성화에너지를 낮추어 반응 속도를 빠르게 하고, 부촉매는 활성화 에너지를 높여 반응 속도를 느리게 하는 거지요.

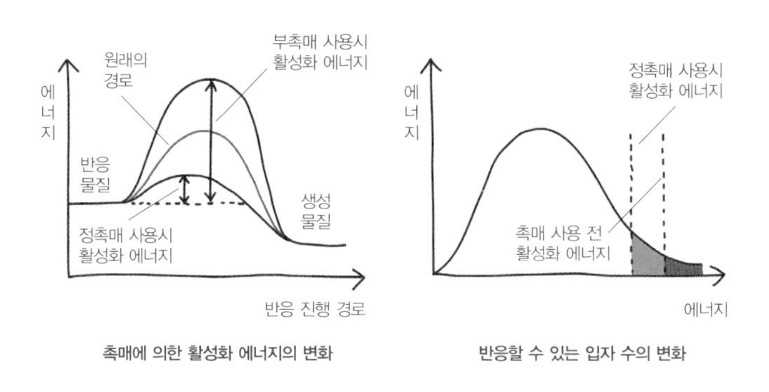

| 촉매에 의한 활성화 에너지와 입자 수의 변화 |

대표적인 대기오염 물질인 일산화질소(NO)는 자동차의 배기가스에서 많이 배출됩니다. 이 일산화질소는 공기의 산소와 결합해 이산화질소가 되는데요. 이 때문에 인체에 직접적으로 피해를 줌과 동시에 오존으로 인한 2차 피해도 가져오게 되지요.

오존은 자외선을 차단하는 기능이 있어 오존층에 머무를 경우 지상에 도달하는 자외선을 줄여주어 지구의 생물들이 전자레인지에 들어간 것처럼 익게 되는 걸 막아줍니다.

| 오존층의 역할 |

그러나 지상에서 발생해 성층권으로 올라가지 못하는 오존은 인체에 해로워 눈의 염증, 두통, 천식 등을 일으킬 수 있습니다. 따라서 지상에서는 오존을 줄이는 게 또다른 문제가 되고 있습니다.

일산화질소(NO)를 질소(N_2)와 산소(O_2)로 분해하면 오존이 증가하는 것을 어느 정도 막을 수 있습니다. 그런데 자동차에서 연료가 연소하면서 생기는 일산화질소를 분해하기 위해서는 반응물질(환원물질)과 높은 열이 필요합니다.

이때 사용하는 것이 암모니아(NH_3)와 촉매입니다. 암모니아는 일산화질소를 산화와 환원반응을 통해 질소와 산소로 분해시킵니다.

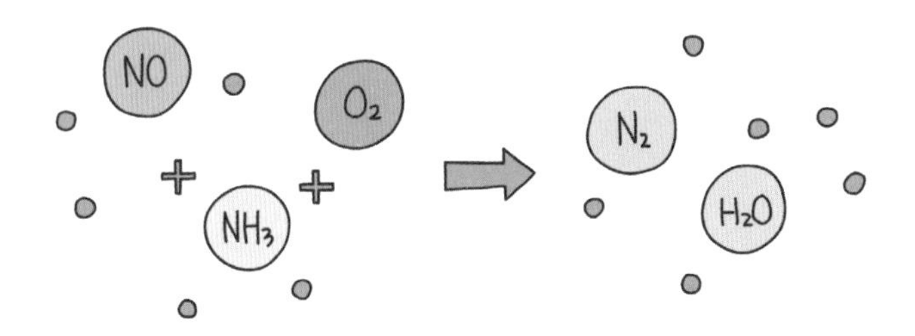

촉매는 이 반응이 잘 일어날 수 있도록 일산화 질소의 활성화 에너지를 낮추어줍니다.

이 장치가 바로 자동차 엔진의 촉매 변환 장치이고, 여기에 사용되는 촉매가 백금, 로듐, 팔라듐 같은 금속입니다. 촉매는 이렇게 반응의 세계에서 어려운 문제를 풀어주는 열쇠이기도 합니다.

과학자들은 지구에 생명체가 탄생하게 된 것은 촉매가 있었기 때문이라고 추측합니다.

제1차 세계대전도 촉매가 아니었다면 일어나지 않았을 수도 있다는 역사학자도 있고요.

화약을 만드는 데 쓰이는 질산은 암모니아에서 얻을 수 있는데, 독일의 오스발트(Oswald, 1853~1932)라는 화학자가 백금과 로듐을 촉매로 이용해 대량생산기술을 고안해냈거든요. 암모니아의 합성 역시 독일의 화학자인 하버(Haver, 1868~1934)가 성공했고요. 그러나 하버가 암모니아를 합성한 것은 농작물에 필요한 비료를 만들기 위해서였지, 무기를 만드는 데 사용할 의도는 아니었습니다.

촉매는 또 우리 몸에도 있습니다.

"밥은 꼭꼭 씹어서 삼켜야 소화가 잘돼."

어렸을 때 부모님이 자주 했던 말인데요. 밥을 꼭꼭 오래 씹으면 침 속의 아밀라아제가 녹말 성분이 효소에 의해 분해되는 걸 촉진해 소화를 돕습니다. 그러니까 아밀라아제가 촉매로 작용하는 것이지요.

우리 몸에는 아밀라아제와 같은 역할을 하는 효소들이 많은데요. 이것들을 보통 '생체촉매'라고 합니다.

촉매는 이렇게 우리 주변에 다양하게 존재하고 있어요. 최근에 들어서는 '촉매화학'이라는 분야가 생겼을 정도로 산업 전반에 커다란 영향을 미치고 있습니다.

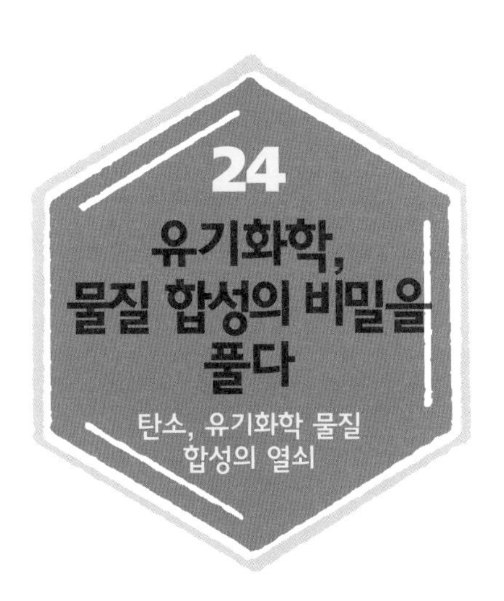

24 유기화학, 물질 합성의 비밀을 풀다

탄소, 유기화학 물질 합성의 열쇠

인간은 살아가면서 쓸데없는 걸 많이 믿습니다. 시험 전에 미역국이나 바나나를 먹으면 '시험에 미끄러진다' 거나, 아침에 까마귀를 보면 '재수가 없다' 같은 속설들 말입니다.

근거도 없고 논리에도 맞지 않으며 사소하기 이를 데 없는 것이라 하더라도 일단 마음속에 이런 기준들이 들어앉게 되면 여간해서는 무시하기 어렵지요.

18세기 이전의 화학자들에게도 이런 마음의 기준이 있었습니다. 바로 '살아 있는 것'(유기물)과 '살아 있지 않은 것'(무기물)은 근원부터 다르다는 믿음이었지요.

이런 믿음은 사회적 터부나 금기, 당시 수준에서는 최첨단인 과학 이론들(17세기 생기론 등)까지 더해져, '미역국을 먹으면 시험에 떨어진다' 는 믿음보다 백만 배쯤은 강력하게 작용했습니다. 뭐, 거의 신념에 가까웠다고나 할까요?

1700년대 초반, 프랑스의 화학자 레므리(Lémery, 1645-1715)는 이러한 사회적 통념을 기초로 합성물을 3가지로 분류합니다.

광물질(금속, 광물, 흙), 식물질(식물, 수지, 고무 수액), 동물질(동물, 동물의 분비물)이 그것이지요.

이후, 생물학의 연구가 활발하게 진행되고, 합성물에 대해서도 다양한 실험이 행해지면서 과학자들은 동물과 식물에 관계된 물질들이 별 차이를 보이지 않는다는 것을 알게 되었습니다.

그래서 화학자들은 세상의 합성물(화합물)을 생명과 관계없는 물질과 생명력에 의해 만들어지는 물질로 나누게 되었습니다. 특히, 스웨덴의 화학자 베르셀리우스는 이 생명이 깃든 물질들을 생명체의 기관(organ)에서 만들어진다며 '유기(organic)'라는 명칭을 붙였습니다.

베르셀리우스는 이렇게 유기물의 정의를 내리고 당시의 신념 체계에 맞게 물질의 합성에 대해 단정합니다.

"식물이나 동물에서 생기는 화합물을 생명력의 작용에 의해 만들어지기 때문에 인공적으로는 절대 만들 수 없다."

즉, 베르셀리우스는 유기화합물은 실험실에서 무기물을 합성하는 방법으로는 만들 수 없으며, 그 이유는 생명력의 신비함 때문이라고 생각한 것입니다.

그런데 1828년, 베르셀리우스는 충격적인 보고를 받게 됩니다. 보고 당사자는 제자인 뵐러(Wöhler, 1800~1882)였습니다.

"스승님, 제가 요소를 합성했습니다."

뵐러는 시안산암모늄이라는 무기화합물을 연구하고 있었습니다. 어느 날 그는 시안산암모늄을 가열해보다가 시안산암모늄이 다른 물질로 바뀌는 사실을 알게 됩니다. 뵐러는 이 물질의 정체를 밝히기 위해 여러 가지 실험을 해보았고 놀라운 결과물을 얻게 되지요.

그것은 '요소'로 오줌 속에 존재하는 물질이었습니다.

보고를 받은 베르셀리우스는 뵐러의 발견이 화학의 역사를 바꿀 수도 있음을 직감합니다.

"뵐러의 말이 사실이라면 지금까지 우리가 믿었던 '생명의 힘'은 어떻게 되는 거지?"

베르셀리우스는 고민 속에서 뵐러의 실험을 살펴보다 생명의 힘을 옹호할 수 있는 구실을 하나 찾아냅니다.

"뵐러가 실험에 사용한 시안산은 동물의 뿔이나 혈액에서 얻은 물질이야. 그러니까 뵐러가 합성한 요소도 결국은 생명체에서 얻은 물질에서 출발한 거라고!"

베르셀리우스가 이렇게 꼬투리를 잡자 뵐러는 접근법을 바꿉니다. 시안산납과 암모니아, 시안산은과 염화암모늄을 반응시켜 요소를 만들어낸 것이지요. 이 물질들은 완전한 무기물이었기 때문에 베르셀리우스도 반박할 수가 없었습니다.

뵐러의 요소 합성 이후, 유기물은 더 이상 생명체 안에서만 얻을 수 있는 특별 물질의 지위를 누릴 수 없게 됩니다. 더군다나 당시 가장 중요한 유기화합물이었던 메틸알코올, 에틸알코올, 메테인, 벤젠, 아세틸렌이 차례로 합성되자 유기화학의 새로운 정의가 필요하게 되었지요. '살아 있는 생명체에서 나오는 물질을 다루는 것이 유기화학이다'라는 설명으로는 이런 무기적 현상을 품을 수 없었던 거지요.

상황이 여기에 이르자 독일의 화학자 케쿨레(Kekule, 1829~1896)가 새로운 정의를 제안합니다.

"살아 있는 생명체와 관계된 물질의 공통점은 탄소예요. 음식, 나무, 종이, 섬유 등 모든 유기물에는 탄소가 있잖아요. 따라서 유기화학은 탄소화합물을 다루는 화학의 한 분야라고 할 수 있습니다."

과학자들은 케쿨레의 정의에 이견이 없었습니다. 당시에도 탄소는 유기화합물의 기본 원소이자 분자 구조에서도 사슬 역할을 한다는 사실을 알고 있었기 때문이지요. 즉, '유기화합물은 탄소화합물이다'라고 해도 크게 틀리지 않았던 것입니다.

예를 들어, 에테인은 탄소 2개와 수소 6개가 결합한 분자들로 이루어져 있는데요, 이때 탄소 1개는 수소 3개와 짝을 이룬 상태에서 사슬처럼 연결됩니다.

탄소 원자는 이렇게 탄소 원자나 다른 원소들과 공유결합하고, 사슬 구조를 만드는 특성 때문에 수많은 화합물을 만들게 되는 것입니다.

탄소는 사슬 구조 말고도 고리 구조를 갖기도 합니다. 케쿨레가 유기화합물은 탄소를 포함하는 물질이라고 자신 있게 주장할 수 있었던 것은 자신이 이 '탄소의 고리 구조'를 밝혀냈기 때문이었습니다.

1825년 페러데이는 고래 기름으로 만든 조명용 가스 배관에 고인 액체를 분석하다 이것이 새로운 물질이라는 것을 알아냅니다. 바로 벤젠이었죠. 벤젠은 발견되자마자 화학자들의 관심을 한몸에 받게 됩니다. 탄소 원자 6개, 수소 원자 6개를 갖는 벤젠의 화학식은 C_6H_6인데, 당시의 사슬 구조로는 탄소와 수소가 어떤 모양으로 결합하고 있는지 설명하기가 애매했기 때문이었지요.

케쿨레 역시 이 난제를 풀기 위해 오랜 시간 매달렸지만 머리만 아플뿐 답을 찾을 수 없었습니다. 그러던 어느 날, 교과서를 집필하다 난로 옆에서 잠깐 졸게 된 그는 꿈을 꾸게 됩니다.

바로 뱀 한 마리가 자신의 꼬리를 물고 빙글빙글 도는 꿈이었습니다. 꿈에서 깨어난 케쿨레는 벤젠을 떠올리며 무릎을 탁 쳤습니다.

"그거였어. 사슬이 아니라 고리야."

케쿨레는 뱀이 꼬리를 물고 있는 모양에서 영감을 얻어 탄소 원자 6개가

육각형(벌집) 형태로 결합하는 벤젠 구조식을 완성했습니다.

얼마 뒤, 케쿨레의 가설은 옳은 것으로 인정을 받았고, 영국의 한 과학 비평가는 그의 꿈이 구약성서에 나오는 요셉의 꿈 이래 가장 중요한 꿈이었다고 말하기도 했습니다.

뵐러, 케쿨레와 더불어 유기화학을 크게 발전시킨 화학자가 '유기화학자의 아버지' 로 불리는 리비히(Liebig, 1803~1873) 입니다.

리비히는 유기화학의 체계를 확립한 화학자로 평가받는데, 그 업적의 중심에는 이성질체와 라디칼이 있습니다. '이성질체' 는 분자식은 같으나 분자 내에, 원자의 배열이 달라 성질에 차이가 있는 화합물을 뜻합니다.

1826년 뵐러는 탄소, 수소, 질소, 산소 원자가 1개씩 결합한 새로운 화합물을 발견했습니다. 뵐러는 이 화합물을 시안산으로 부르며 화학계에 발표했지요. 공교롭게도 이 화합물은 리비히가 발견한 풀민산(뇌산)과 분자식이 같았습니다.

리비히는 뵐러의 분석이 잘못되었다며 논문을 썼습니다.

"뵐러의 연구는 잘못되었습니다. 동일한 원자, 동일한 수로 이루어졌는데 성질이 다를 리가 없잖아요?"

그러자 뵐러는 리비히에게 함께 연구하자는 의견을 보내왔고, 둘은 공동 연구를 통해 시안산과 풀민산이

동일한 원자로 이루어졌다는 것과 그럼에도 성질이 다른 것은 원자 배열의 차이 때문이라는 것을 알아냈습니다. 바로, 화학사에 이성질체의 존재가 확인되는 순간이었지요.

한편, 리비히는 아몬드기름(편도유)을 가지고 다양한 실험을 했습니다. 실험을 하면서 새로운 사실을 알게 되는데, 그것은 여러 반응을 거쳐도 변하지 않는 원자 무리가 있다는 사실이었습니다. 리비히는 이 원자 무리를 '라디칼'이라고 불렀습니다.

리비히가 유기화학의 체계를 잡는 데에는 이 라디칼의 발견이 가장 큰 역할을 했습니다. 이 식은 후에 틀린 것으로 판명되었고 C_6H_5O

의 형태가 맞습니다.

뵐러, 리비히, 케쿨러 등의 활약으로 새로운 전기를 맞게 된 유기화학은 생명체가 아닌 탄소라는 원소가 중심으로 자리잡게 되는데요, 이는 탄소 원자가 갖는 고유한 성질 때문입니다.

탄소는 원자번호 6번의 원소로 최외각전자가 4개입니다. 앞서 다루었던 옥텟 규칙을 떠올리면, 탄소는 4개의 전자를 받아들여 8개의 최외각전자를 채움으로서 안정한 상태가 되려는 원소라는 것을 알 수 있을 거예요.

즉, 탄소는 다른 원소와 결합할 때, 내미는 손이 4개나 있는 셈이지요. 이것은 탄소가 속해 있는 2주기 원소 중에서는 가장 많은 공유결

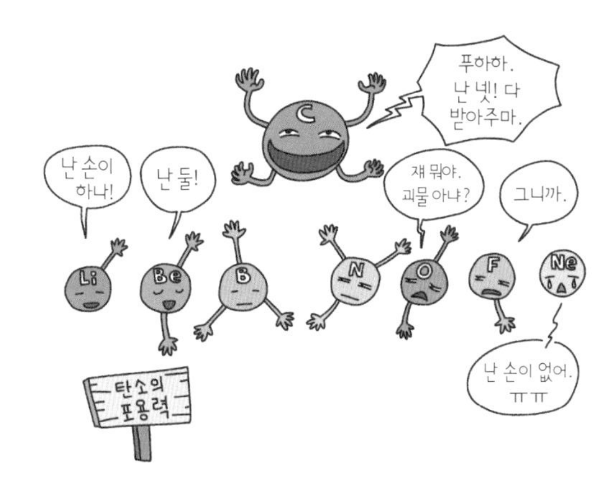

합 손을 가진다는 의미이지요.

또 탄소는 전자를 당기는 힘이라 할 수 있는 전기음성도가 중간 정도로, 전자를 쉽게 내어주기도 하고, 쉽게 받아들이기도 합니다. 리튬은 전기음성도가 아주 낮아 전자를 빼앗기고 나면 다시 받아들이기 어렵고, 플루오르(불소)는 매우 높아 전자를 채우고 나면 웬만해서 전자를 내어주지 않는 데 비해서 말이죠.

그 결과 탄소는 지구상에서 다른 원소와 가장 잘 결합하는 원소가 되었지요.

이렇게 주변과 잘 어울리다보니 탄소는 원자가 1개씩 따로 떨어져 있는 경우가 거의 없습니다. 다른 원자들과 결합해 화합물 형태로 있던가, 아니면 자기들끼리라도 뭉쳐서 안정된 구조를 갖는 거지요. 탄소가 다른 원소에 비해 많은 동소체를 가지고 있는 것은 이 때문입니다.

동소체는 같은 원소로 이루어졌더라도 원자의 배열이 달라 성질에 차이가 나는 물질들을 가리키는데, 탄소의 경우 자연 상태에서는 특별한 결정 모양을 하지 않는 무정형 탄소 동소체로 존재합니다. 숯이나 활성탄 검댕 등이 여기에 속하지요.

탄소로 이루어진 물질 중에 우리가 익히 알고 있는 것이 흑연과 다이아몬드입니다. 이 물질들 역시 탄소 동소체로 흑연은 탄소 원자가 벌집 모양으로 결합해 층층이 쌓여 있는 형태이고, 다이아몬드는 탄

소 원자 4개가 다른 탄소 원자와 정사면체 형태로 결합을 이어가는 구조이지요.

또 다른 탄소 동소체로는 근래 들어 신소재로 주목을 받고 있는 탄소 나노 소재 삼총사가 있습니다.

풀러렌, 탄소나노튜브, 그래핀이 그 주인공들이지요. 풀러렌은 1985년, 탄소나노튜브는 1991년, 그래핀은 2004년에 태어난 물질계의 신생아들입니다.

풀러렌은 흔히 '벅키볼'이라고 부르는 축구공 모양의 탄소 동소체를 가리키는데, 사실은 탄소나노튜브 역시 풀러렌에 속합니다. 즉 풀러렌에는 '벅키볼'과 '탄소나노튜브' 두 가지 종류가 있는 셈이지요.

그래핀은 흑연의 탄소 원자 1층을 분리해낸 것으로 두께가 약 0.35nm입니다. 탄소 원자의 지름이 곧 두께인 셈이지요.

이 그래핀은 최근 놀라운 특성 때문에 주목을 받고 있습니다. 알려진 바로는 그래핀은 상온에서 구리보다는 100배 많은 전류를, 실리콘보다는 140배 빠르게 보낼 수 있다고 합니다. 또, 강철보다 100배 강하며, 자기 면적의 20%까지 늘어나고 빛을 98% 통과시키며 플라스틱에 1%만 섞어도 전기가 통하게 해준다고 합니다.

그야말로 쓰임새가 무궁무진한 초강력 물질인 셈이지요. 재미있는 것은 이 재주꾼 신소재를 스카치테이프로 붙였다 떼는 방식으로 흑연에서 분리해낸다는 것입니다.

어쨌든 탄소는 자기들끼리 어울려서도 참 다양한 재주를 부립니다. 지금까지 발견된 원소들 중에서 이렇게 많은 동소체를 가지고 있는 것은 탄소뿐이지요.

한편, 탄소는 앞서 설명했듯이 다양한 모양(구조)으로 결합을 합니다. 사슬 모양, 벌집 모양, 공 모양 등으로 말이지요. 화합물은 거의 만들지 않는 헬륨, 네온, 아르곤 같은 비활성기체 원소들의 입장에서는 가히 경이로운 능력일 것입니다.

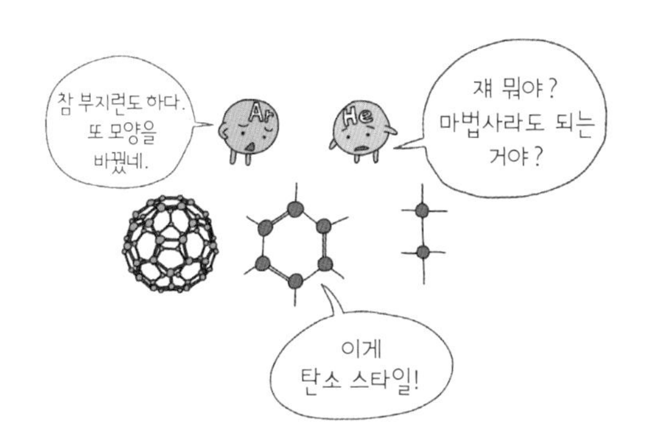

특히, 사슬을 만들 수 있는 능력은 탄소가 다양한 화합물을 갖게 되는 데 있어 요술주머니와 같은 역할을 합니다. 탄소화합물이 갖는 다양한 형태의 사슬 구조를 한눈에 볼 수 있는 것이 탄화수소지요. 탄화수소는 탄소와 수소로만 이루어진 화합물입니다.

탄소가 2개인 에테인은 한 개의 사슬로 탄소와 탄소가 연결되어 있습니다.

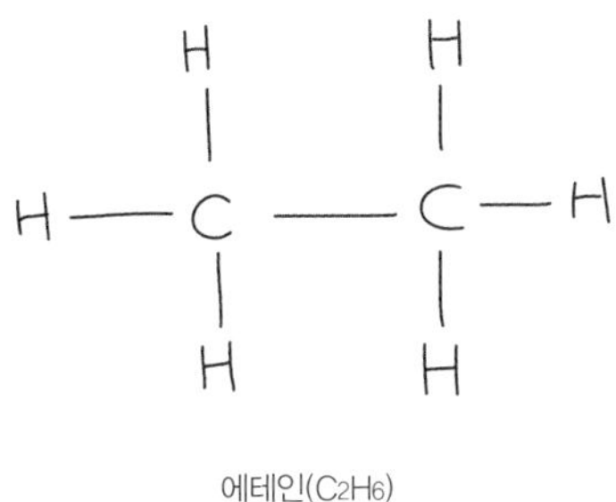

에테인(C_2H_6)

탄소 원자가 3개인 경우 사슬이 하나 더 늘어납니다.

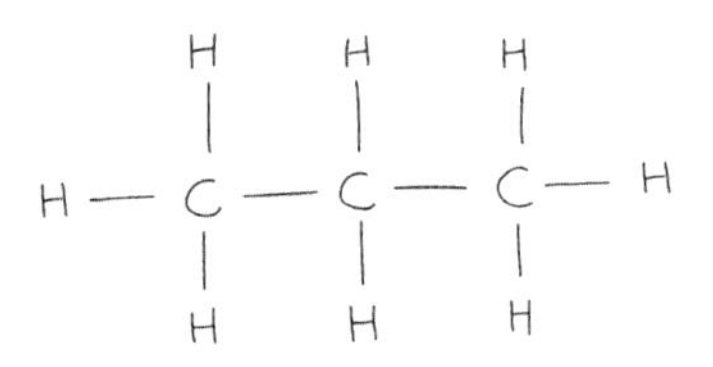

프로페인(C_3H_8)

탄소 원자가 4개면 사슬이 하나 더 늘고요.

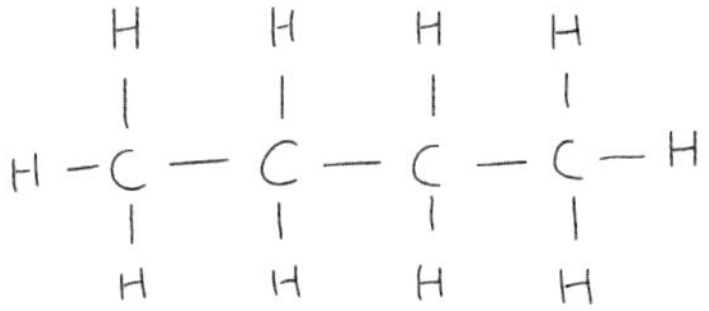

뷰테인(C_4H_{10})

탄소는 이렇게 사슬을 늘려가며 수소를 받아들이는데, 탄화수소 화합물 중에는 사슬이 70개나 되는 것도 있습니다.

탄소는 또 사슬의 배열을 바꾸기도 하는데, 앞서 리비히가 발견한 이성질체는 이 같은 원자의 배열이 달라지기 때문에 만들어지는 것입니다.

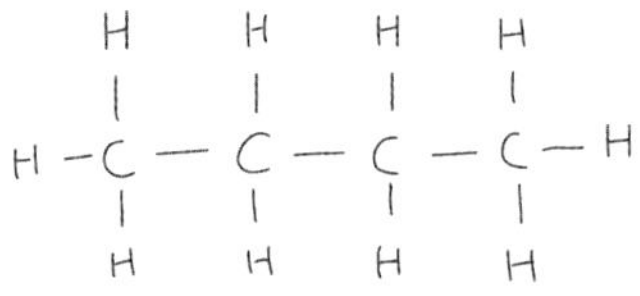

n – 뷰테인

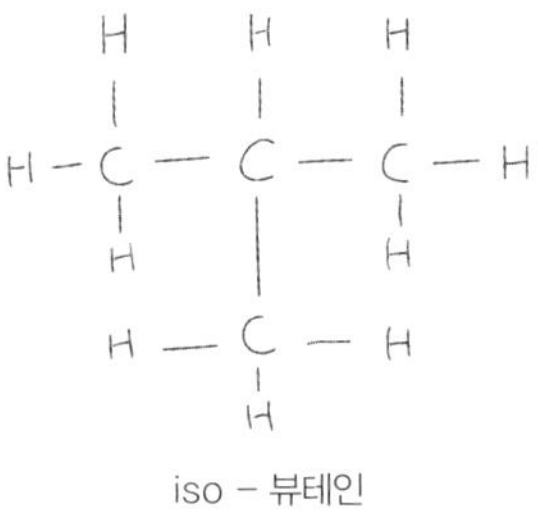

iso – 뷰테인

분자 속에 탄소 원자 수가 늘어날수록 이런 이성질체의 수는 기하급수적으로 많아지게 됩니다. 5개의 탄소 원자로는 서로 다른 모양의 사슬 구조를 3개만 만들 수 있지만, 6개일 때는 5개, 7개일 때는 9개를 만들 수 있습니다.

사슬 모양의 결합에서는 탄소 원자는 4쌍이나 6쌍의 전자를 공유하기도 합니다. 흔히, 이중결합, 삼중결합이 여기에 해당되는데요. 이때는 수소 원자가 모자라기 때문에 탄소와 탄소 간의 결합이 더 강하게 일어납니다. 이러한 탄화수소를 불포화 탄화수소라고 하지요.

어쨌든 이중, 삼중결합 역시 탄소의 탁월한 능력을 보여주는 예입니다.

에텐(C_2H_4) | 이중결합

에타인(C_2H_2) | 삼중결합

뿐만 아니라 탄소는 사슬을 버리고 고리 모양으로 변신을 꾀하기도 하지요.

고리 모양 역시 연속적으로 이어지기도 하고요. 예를 들어, 벤젠은 하나의 육각형 고리 모양이지만, 나프탈렌은 2개, 석탄에 포함된 안트라센이라는 물질은 3개의 고리를 갖습니다.

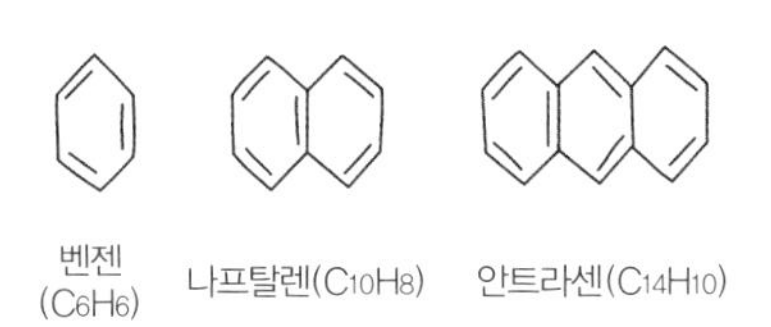

여기서 끝이 아닙니다. 사슬의 끝에 고리 구조를 달기도 하고, 고리에 사슬 구조가 연결되기도 합니다.

또 탄소는 다른 원소뿐만이 아니라 라디칼과도 잘 결합하므로 탄소를 중심으로 만들 수 있는 물질은 그야말로 무궁무진한 셈이지요.

단백질을 구성하는 기본 단위인 아미노산 중에서 페닐알라닌을 보면 탄소가 얼마나 능수능란한 결합 기술을 가지고 있는지 잘 알 수 있습니다.

탄소의 결합 능력이 이렇게 뛰어나다 보니 세상의 모든 화합물들은 탄소를 포함하느냐, 그렇지 않느냐에 따라 분류를 할 수 있습니다.

그래서 화학자들은 탄소를 포함하는 화합물을 유기화학으로, 탄소를 포함하지 않는 화합물을 다루는 영역을 상대적으로 무기화학이라 정의하고 있지요.

현재까지 발견된 화합물은 약 천이백만 가지가 넘는데, 그중 70% 정도가 탄소를 포함한 탄소화합물입니다.

화학자들은 인류의 삶에 유용한 물질을 만들어내고자 고군분투합니다. 색다른 맛과 향기를 내는 물질, 불치의 병을 치료하는 의약품,

피부와 흡사한 옷감, 효율이 높은 에너지원 등 온갖 지식을 동원해 이들이 만들려는 물질은 따지고 보면 대부분 탄소 원자를 중심에 놓고 배열을 달리하거나 다른 원소를 뗐다 붙였다 하면서 찾아내는 것들입니다.

결국, 유기화학은 탄소에서 시작해 탄소로 끝나는 분야인 셈이지요.

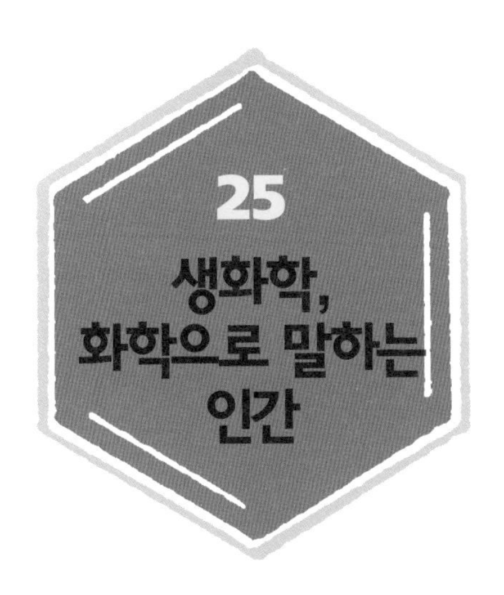

25 생화학, 화학으로 말하는 인간

선택은 가장 즐거운 일이자 괴로운 일이기도 합니다. 무언가를 택한다는 것은 무언가를 버린다는 것과 같은 의미이니까요.

현재의 선택은 늘 최선이었음에도 시간이 지나면 그 선택을 후회하게 되는 것은 아마도 이 버린 것에 대한 아쉬움 때문일 것입니다.

이런 선택의 괴로움은 살아가는 동안 계속됩니다. 하다못해 친구와 술 한잔을 할 때에도 말이죠.

물론 잘못된 선택의 댓가는 가혹합니다.

아이러니하게도 그 가혹함은 선택의 여지가 없음에서 옵니다. 그럴 땐 그냥 받아들이는 것이 최선일 수밖에 없습니다. 선택이 얼마나 중요한지 다시금 깨우치면서 말이죠.

그런데 인간의 의지만으로 이루어질 것 같은 이 선택의 순간에도 화학물질이 작용합니다.

가령, 자신이 꿈꾸던 이상형을 보게 되면 희열 같은 게 느껴지는데요, 이 희열은 뇌에서 방출한 도파민, 옥시토신, 아드레날린, 바소프레신 등과 같은 호르몬의 영향 때문입니다.

이 희열은 이성에게 다가가 이렇게 말하게 만듭니다.

"첫눈에 반했어요. 저랑 사귈래요?"

결국, 뇌에서 분비된 화학물질이 이성을 선택하는 조종사 역할을 한 것이지요. 놀라운 것은 이 과정에 소요되는 시간이 0.2초에 불과하다는 겁니다. 그래서 흔히 사랑에 빠지는 순간을 0.2초라고 하는 것이지요.

화학의 눈으로 보면 인간은 결국 몇 가지 원소들의 집합체이며, 생명 현상 역시 화학물질의 상호 작용으로 반복되는 생성과 소멸의 과정일 뿐입니다. 인체는 산소 65%, 탄소 18%, 수소 10%, 질소 3%, 칼슘 2%, 기타 원소 2%로 이루어졌고, 외부에서 섭취한 포도당을 분해하면서 얻은 에너지로 살아가는 하나의 독립된 개체이고, 인간의 의식조차도 호르몬에 의해 조

종을 받게 되니까요.

이렇게 생명 현상을 화학적인 방법을 통해 규명하고자 하는 학문을 우리는 '생화학' 이라고 정의합니다.

생화학의 역사는 유기화학과 함께 시작되었습니다. 기본적으로 화학자들은 생명체가 만들어내는 물질은 자연이 만드는 물질과는 근본적으로 다를 것이라고 생각했습니다. 하지만 뵐러가 실험에서 요소를 만들어냄으로써 그 생각은 깨지게 됩니다. 이후 화학자들은 생명체를 자연의 일부로 보고 연구를 하게 되지요.

생화학이란?

- 생물체란 어떤 물질로 이루어져 있는가?
- 세포 · 생체 기관에서는 어떤 화학 반응이 일어나는가?
- 살아 있다는 것은 화학적으로 어떻게 설명할 수 있는가?

생명체와 관련된 물질에 대해 자연과학(화학)적 관점에서 탐구를 시작할 무렵, 화학자들은 하나의 현상에 주목하게 됩니다. 바로 '발효' 였습니다. 그들은 발효가 '무기적 현상인가' 아니면 '유기적 현상인가' 를 밝혀내기 위해 1752년 프랑스의 물리학자 레오뮈르(Réaumur, 1683~1757)가 한 실험에 주목했습니다.

레오뮈르는 당시 소화에 대한 두 가지 속설에 대한 진실을 밝히려고 했습니다. 두 가지 속설이란 '소화는 위가 음식물을 기계적으로 으깨는 것이다' 와 '소화는 발효와 같은 화학적 변화다' 였습니다.

레오뮈르는 매를 사용해 실험을 했습니다. 매는 큰 먹이를 통째로 삼키고, 소화되지 않는 잔여물은 토해내는 습성이 있습니다. 그는 매의 이러한 습성을 이용해 소화의 원리를 밝히고자 한 것이지요. 레오뮈르는 끝이 막힌 금속통 안에 고기를 넣고 매에게 삼키도록 했습니다.

고기를 삼킨 매는 잠시 후 금속통을 토해놓았고, 금속통 안에는 일부가 녹은 고기가 들어 있었습니다. 레오뮈르는 이를 보고 '소화는 발효와 같은 작용에 의한 것' 이라는 결론을 내리게 되었습니다.

80여년이 흐른 뒤, 독일의 생리학자 슈반(Schwann, 1810~1882)은 소화를 연구하던 중에 위액을 가열하고, 그 속에 고기를 넣어보았습니다. 그러자 고기의 소화는 일어나지 않았지요. 슈반은 이 실험의 결과를 두고 다음과 같이 생각했습니다.

'위액 안에는 소화를 일으키는 효모가 있고, 이 효모는 상온에서는 살아 있으나 고온에서는 죽게 되므로 가열한 위액에서는 소화가 일어나지 않는다.'

이 결론은 오랫동안 유효하게 여겨지며, 화학자들에게 발효란 살아 있는 생명체인 효모가 일으키는 반응이라는 확신을 갖게 합니다. 포도주를 이용해 알코올 발효 과정을 밝혀낸 프랑스의 미생물학자 파스

퇴르(Pasteur,1822~1895)는 발효를 다음과 같이 정의할 정도였지요.

"발효에는 살아 있는 효모가 필요하고, 발표 현상은 생명과 불가분의 관계다!"

그러나 이런 생각은 1895년 독일의 화학자 부흐너(Buchner, 1860~1917)에 의해 완전히 바뀌게 됩니다. 그는 세균학자인 형의 도움을 받아 가는 모래로 효모를 으깬 다음 걸러내 즙을 얻었습니다. 현미경을 통해 효모즙에 살아 있는 효모가 없다는 것을 확인한 그는 설탕을 효모즙 안에 넣었습니다. 그러자 곧 거품이 일기 시작했고, 설탕은 천천히 알코올로 변해갔습니다.

이것은 발효는 효모가 만들어낸 어떤 물질에 의해 일어나는 것이지 효모가 가진 생명의 힘 때문이 아니란 사실을 말해주는 것이었습니다. 이 어떤 물질이 바로 '효소'입니다.

이 실험은 '살아 있는 세포 속에 생명의 힘이라는 신비함은 없으며 화학적 작용만이 존재한다'는 화학사의 터닝포인트를 제공했고, 1907년 부흐너에게 노벨 화학상을 안겨주었습니다.

이어 1926년 미국의 화학자 섬너(Sumner, 1887~1955)가 효소는 단백질의 한 종류라는 것을 밝혀냄으로써 생체 내에서 물질 대사에 관여하는 수천 가지의 효소를 찾아내는 계기가 되었고, 이 과정에서 생명체 내에서 일어나는 물질 대사의 경로 대부분을 밝혀내게 되었습니다. 생화학의 기초와 체계가 이렇게 완성된 것이지요.

화학반응을 촉진하는 물질을 '촉매'라고 합니다. 효소는 이 촉매의 대표적인 물질인데, 그 반응이 생명체 안에서 일어나기 때문에 '생체촉매'라고 합니다. 아시다시피 촉매는 특정한 화학반응에서만 작용합니다. 효소도 마찬가지지요.

예를 들어, 술을 마시면 혈액 속에 알코올의 농도가 높아지면서 취하게 됩니다. 그러다 간에서 알코올을 분해해 배출하면 다시 정상 상태로 깨어나게 되지요. 이때 알코올을 분해하는 역할을 하는 것이 바

로 효소입니다.

인체에서 알코올을 분해하는 이 효소는 아세트알데하이드 탈수효소(ALDH)와 마이크로좀에탄올 산화효소(MEOS)입니다. 알코올은 ALDH에 의해 75~80% 정도, MEOS에 의해 20~25% 정도 분해됩니다. 그런데 알코올의 대부분을 분해하는 ALDH는 사람마다 선천적으로 가지고 있는 양이 달라 주량에 있어서도 차이가 나게 됩니다. 반대로 술을 계속 마시게 되면 주량이 늘기도 하는데, 이것은 MEOS가 활성화되기 때문입니다. 그러나 3주 정도 술을 마시지 않게 되면 MEOS가 다시 원상태로 돌아가 오랜만에 술을 마시면 더 취하는 기분이 들게 되는 것이지요.

어쨌든 우리 몸에는 이러한 효소가 엄청 많아서 살아가는 데 필요한 대사 활동에 맞춤식으로 작용합니다. 그런데 종류를 헤아릴 수조차 없이 많은 이 효소들은 모두 단백질의 일종입니다. 사실, 우리 인체를 화합물의 측면에서 바라보면 거대한 단백질 덩어리들의 집합체라고 할 수 있습니다. 피부, 근육, 머리카락, 혈액, 하다못해 몸을 지탱하는 뼈의 사이사이 세포가 존재하는 곳 어디에나 단백질이 존재하니까요. 최신 자료에 따르면 인체에는 약 8만 가지의 단백질이 있다고 합니다.

인체를 이루는 기본 물질에는 탄수화물, 지방도 있지만 생화학에서 유독 단백질을 중요하게 다루는 이유도 이 때문이지요. 단백질을 뜻하는 Protein의 어원인 'Proteios'는 '제1위', '제1인자'라는 의미랍니다. 이름에서도 중요성이 엿보이는 대목이지요.

이 이름은 1938년 네덜란드의 화학자 멀더(Mulder, 1802~1880)가 모든 생명체 안에는 질소를 포함하는 복잡한 물질이 있고, 이 물질이야말로 생명 현상에 중요한 역할을 한다고 생각하여 붙인 것입니다.

맞아요. 단백질은 생명체에서 중요하고도 다양한 일을 하거든요.

단백질의 역할

1. 근육 형성
2. 세포 구성 운동 조절
3. 세포 안팎의 정보 교환
4. 인체 내 화학반응 촉진
5. 몸의 방어에 작용
6. 물질 수송
7. 아미노산 저장

단백질이 처음 추출된 건, 1806년 프랑스의 화학자 보클랭(Vauquelin, 1763~1829)과 로비케(Robiquet, 1780~1840)에 의해서입니다. 그들은 아스파라거스에서 발견한 이 단백질을 '아스파라긴'이라고 불렀지요.

수많은 단백질은 '아미노산'이라는 비교적 작은 분자가 연결되어 만들어집니다. 그러니까 아미노산은 단백질을 만드는 원료라고 할 수 있지요. 이렇게 단백질의 재료가 되는 아미노산은 20가지로 정해져 있습니다.

글리신	알라닌	아르기닌	아스파라긴
아스파르트산	시스테인	글루타민	글루탐산
히스티딘	프롤린	세린	티로신
이소루신	이르기닌	트립토판	발린
메티오닌	페닐알라닌	트레오닌	류신

아미노산의 종류

필수아미노산

이 20개의 아미노산 중에서 12개는 우리 몸에서 합성이 됩니다. 그러나 8개의 아미노산은 합성이 되지 않기 때문에 음식을 통해 섭취해야만 합니다. 그래서 이 8개의 아미노산을 '필수 아미노산'이라고 하지요.

외부에서 물질을 받아들여 성장과 생명 유지에 사용해야 하는 생명체의 특성상 '물질이 어떻게 순환하는가?'에 대한 의문도 생화학자들이 풀어야 할 숙제였습니다. 이것은 큰 의미에서 생명의 근원에 대한 접근이자, 작게는 우리는 왜 매일 밥을 먹고 소화를 시켜야만

살아갈 수 있느냐에 대한 해답이었습니다.

이 의문에 가장 기본적인 힌트는 식물에 숨겨져 있었습니다. 아시다시피 식물은 생태계의 최하위에서 모든 생명체에게 영양을 공급하는 에너지 뱅크이니까요. 바로 광합성을 통해서 말이죠.

광합성은 식물의 엽록소에서 햇빛과 물, 이산화탄소를 가지고 탄수화물을 만드는 것입니다. 엽록소에서는 크게 두 가지 반응이 일어납니다. 햇빛을 이용해 에너지는 '명반응'과 이 에너지를 써서 당분을 만드는 '암반응'이지요.

명반응과 암반응을 통해 만들어진 탄수화물(포도당 등)은 동물의 몸에 들어와 에너지로 변환됩니다. 이때 필요한 것이 산소입니다. 동물들은 이 산소를 호흡을 통해 공기 중으로부터 얻습니다. 포도당을 예로 설명하면, 동물의 세포에서는 포도당

$(C_6H_{12}O_6)$과 산소, 물을 반응시켜 이산화탄소와 물, 그리고 에너지(ATP)를 얻는데, 동물들은 이 에너지(ATP)로 살아가는 거지요.

물론, 이 매커니즘은 아주 복잡합니다. 포도당이 분해되어 피루브산이 되는 데에만 10회의 화학반응이 필요할 정도니까요. 또 피루브산에서 에너지(ATP)를 얻기 위해서는 전자회로 같은 일련의 반응 체계를 거칩니다. 화학반응의 소용돌이라고 불리는 이 체계를 시트르산 회로라고 하는데요. 시트르산 회로는 모든 생물이 에너지를 얻는 궁극의 비밀이라고 할 수 있습니다.

독일의 생화학자 크랩스(Krebs, 1900~1981)는 1937년 이 시트르산 회로를 밝혀 얼마 뒤 노벨상을 받았습니다.

식물의 광합성과 동물의 호흡 안에 숨겨져 있던 물질의 합성 경로와 에너지의 순환체계가 밝혀지면서 생화학자들은 인간을 넘어 생태계가 어떻게 유지되고 있는지 설명할 수 있었습니다.

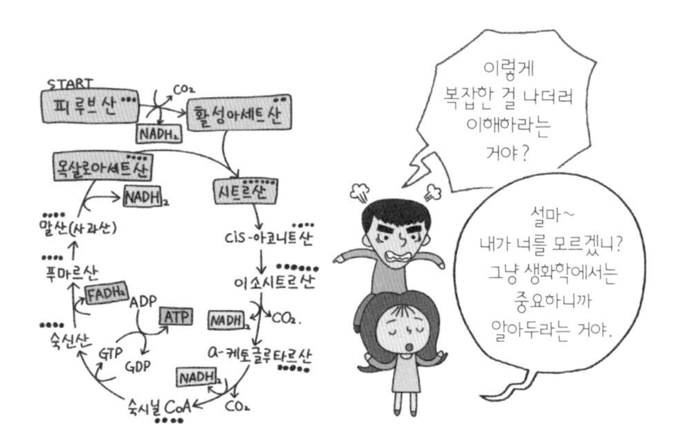

따라서 화학자의 눈으로 보면 숲을 훼손하는 일은 간단하게 인간의 에너지원, 즉 밥줄을 끊는 것과 같습니다.

한편, 효소의 연구를 통해 생명과 물질간의 관계를 원자와 분자 수준에서 설명할 수 있게 되자, 유전에 관련된 문제들도 하나 둘 풀리게 됩니다. DNA에 의해서 말이죠.

1869년 스위스의 생물학자 미셔(Miescher, 1844~1895)는 세포를 연구하고 있었습니다.

'세포의 핵 속에는 어떤 물질이 들어 있을까?'

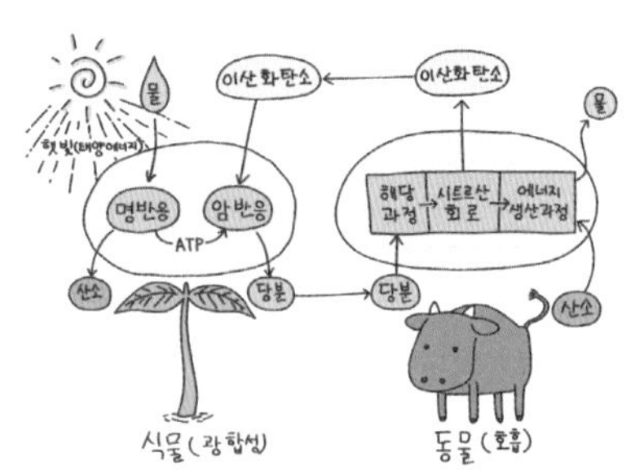

그는 이 의문을 풀기 위해 사람의 상처에서 나오는 고름을 재료로 택했습니다. 고름 속에 있는 백혈구에서 핵 성분을 분리 추출한 뒤 다양한 방법으로 분석한 그는 이 물질이 인 성분을 포함하여 강한 산성을 띤다는 것을 알아냈습니다.

그는 이 물질을 '뉴클레인(nuclein)'이라고 불렀습니다. 이후 이 물질은 '핵 속에 들어 있는 산성 물질'이라는 뜻에서 핵산(DNA, Deoxyribonucleic Acid)'이라고 불리게 되었습니다.

그러나 DNA가 유전에 관계한다는 것은 80여 년이 지난 1944년 미국의 생화학자 에이버리(Avery, 1877~1955)에 의해서
였습니다. 에이버리는 독성이 없는 결핵균에 독성이 있는 결핵균의 DNA를 주입했습니다. 그러자 독성이 없었던 결핵균에도 독성이 생겼지요. 그는 이것이 DNA가 유전물질이기 때문에 생긴 현상이라고 정리했습니다.

이후 1953년 미국의 분자생물학자 왓슨(Watson, 1928~)과 영국의 분자생물학자 크릭(Crick, 1916~)이 DNA의 나선 구조를 밝혔고, 1965년 미국의 생화학자 니렌버그(Nirenberg, 1927~)는 리보핵산(RNA)이 DNA와 어떻게 어울려 단백질을 합성하는지 알아냄으로써 유전정보를 해독하는 데 크게 이바지했습니다.

화학의 분야를 고전적으로 나눌 때는 무기화학, 유기화학, 분석화학, 물리화학, 그리고 생화학으로 구분합니다. 그만큼 생화학은 기초 과학에 가깝다는 말이지요. 실제로 생화학자의 연구는 생명공학, 의학, 제약 등 다양한 산업에 막대한 공헌을 하고 있습니다.

21세기 들어 인류가 얻은 최고의 과학적 성과중 하나는 인간 게놈 프로젝트를 통해 인간의 DNA를 완전하게 해독한 것입니다. 사람들

은 이 성과를 분자생물학과 같은 생명공학자의 몫으로 여기는데 사실은 수세기 동안 축적된 생화학자들의 연구가 없었다면 힘들었을 것입니다.

얼마 전 나사에서는 화성에 무인 탐사선을 보냈습니다. 화성에 관한 다양한 정보를 얻기 위해서였지요. 그중 가장 궁금한 것은 '화성에 생명체가 살고 있을까' 라는 것입니다. 이때 생명체가 존재할 가능성을 판단하는 기준으로 '물'을 듭니다. 생명 유지에 물이 필수적이라는 것은 상식이니까요. 여기서 중요한 것은 이 상식이 완성되기까지 얼마나 많은 생화학자들의 연구가 있었냐는 것입니다.

세상에는 이렇게 드러나지 않은 생화학의 성과들이 퍼져 있습니다.

그러므로, 효과적인 다이어트를 하고 싶다면, 과일의 단맛을 좀더 즐기고 싶다면, 혈액형은 어떻게 나누고, 유전자

분석은 어떻게 하는지 궁금하다면, 사랑에도 유통 기한이 있다고 주장하는 근거를 알고 싶다면…….

한번쯤 생화학에 관심을 가져보세요.

상식에 숨겨진 학문의 깊이를 만날 수 있는 기회이자, 세상에서 가장 완벽한 물질과 생명 사이의 질서를 깨닫는 후회 없는 선택이 될 테니까요.

이 도서의 국립중앙도서관 출판시도서목록(CIP)은 서지정보유통지원시스템 홈페이지(http://seoji.nl.go.kr)와 국가자료공동목록시스템(http://www.nl.go.kr/kolisnet)에서 이용하실 수 있습니다.(CIP제어번호: CIP2014001733)

그림으로 읽는
화학 콘서트

1쇄 발행 2014년 2월 20일
2쇄 발행 2014년 11월 26일

글 배준우·홍건국
그림 지호태·배효진
발행인 이진영
편집인 윤을식

출판등록 2008년 1월 4일 제322-2008-000004호
주소 서울시 서초구 방배동 981-32 봉황빌딩 2F
전화 (02)521-3172 | 팩스 (02)6007-1835
이메일 editor@jisikframe.com | 홈페이지 http://www.jisikframe.com

ISBN 978-89-94655-29-1 03430

• 책 값은 뒤표지에 있습니다.

• 도서출판 지식프레임은 항상 열린 마음으로 독자 여러분들의 소중한 원고를 기다립니다.
• 원고 보내주실 곳 : editor@jisikframe.com